辽宁乡村振兴农业实用技术丛书

U0677664

设施百合鲜切花优质高效栽培技术

主　编　杨迎东

东北大学出版社
·沈　阳·

ⓒ 杨迎东 2024

图书在版编目（CIP）数据

设施百合鲜切花优质高效栽培技术／杨迎东主编.

沈阳：东北大学出版社，2024.12. —— ISBN 978-7
-5517-3725-8

Ⅰ．S682

中国国家版本馆 CIP 数据核字第 20254RY704 号

出 版 者：东北大学出版社
　　　　　　地址：沈阳市和平区文化路三号巷 11 号
　　　　　　邮编：110819
　　　　　　电话：024-83683655（总编室）
　　　　　　　　　 024-83687331（营销部）
　　　　　　网址：http://press.neu.edu.cn
印 刷 者：辽宁一诺广告印务有限公司
发 行 者：东北大学出版社
幅面尺寸：145 mm×210 mm
印　　张：8.5
字　　数：228 千字
出版时间：2024 年 12 月第 1 版
印刷时间：2025 年 1 月第 1 次印刷
责任编辑：周　朦
责任校对：王　旭
封面设计：潘正一
责任出版：初　茗

ISBN 978-7-5517-3725-8　　　　　　定　价：38.00 元

前　言

　　百合作为世界著名的球根花卉，以其高雅清新的形象、独特的芳香和美好的寓意，成为节日、庆典、婚礼、居家等场合的常用花卉，在国际贸易和国内鲜花消费市场中占有重要地位。

　　百合鲜切花生长周期短，投资回收快，收益高。许多农民朋友通过种植百合实现了脱贫致富。经过多年发展，百合鲜切花已经成为一些地方实现乡村振兴战略目标的重要抓手和特色产业。各地气候、土壤、设施条件等不同且从业者的种植经验和技术水平不同，在产业实践中经常出现因不掌握栽培技术而导致种植效益低甚至亏损的情况，严重影响从业者积极性。

　　为加快百合鲜切花标准化栽培技术的普及，整体提升从业者技术水平，编者总结多年百合鲜切花生产和科研实践经验编写成本书。本书分别对百合的概论、生物学特性、分类与常见品种、主要设施类型与配套设备、鲜切花栽培技术、鲜切花采收及采后处理、病虫害防治等内容进行了详细介绍，涵盖了基本理论、实际操作、经验总结等多个方面，希望为广大百合从业者、农业技术人员提供些许帮助。

　　本书编者多为长期扎根科研和生产一线的科研和技术推广人员，在编写过程中力求内容贴近生产实践需求，语言通俗易懂，突出实用性和可操作性。

　　本书在编写过程中得到了辽宁省农业科学院各部门各级领

1

导，尤其是科技服务部的大力支持，并引用了国内外同行部分研究成果，在此一并表示衷心感谢。

由于编者水平有限，本书中难免存在疏漏或不当之处，恳请业内人士和广大读者批评指正。

编　者

2024 年 10 月

目 录

1

第一章　概论

百合（图 1-1），又名番韭、强蜀、重迈、百合蒜、夜合花、蒜脑薯、中逢花等，是百合科（Liliaceae）百合属（*Lilium*）多年生草本鳞茎植物，其地下球茎是由许多鳞片抱合而成的，因其"数十片相累，状如白莲花，言百片合成也"，故名"百合"。同时，百合又寓"百事合意""百年好合"之意，因此深受人们喜爱。

图 1-1　百合基本形态

🍀 第一节　百合自然分布与栽培历史

一、百合自然分布

全球百合属植物约有 115 种，按照自然分布区域，可分为东亚、欧洲和北美三大板块，野生百合主要分布于北半球温带和寒带地区，热带高海拔山区也有分布，南半球几乎没有。据周艳萍报道，日本分布 13~15 个种，韩国分布 11 个种，欧洲分布 10 个种，北美分布 22 个种，中国分布 56 个种。这些地区属于大陆东岸气候类型，冬季寒冷、夏季高温多雨。百合在这种自然环境下形成了冬季休眠、夏季开花的生活习性。

中国是野生百合自然分布中心和重要原产地，已报道有 56 个种及 18 个变种，其中特有种 36 个。百合在我国分布范围极为广泛，除了海南省，其他各省几乎都有分布，温带和亚热带气候地区种类较多。

我国野生百合分布大体上可以划分为五个区域：① 中国西南高海拔山区，主要包括横断山脉的滇西北与川西地区、喜马拉雅山区和藏东南地区，海拔一般都高于 2000 米，约分布 36 种；② 中国中部高海拔山区，包括秦巴山区、甘肃岷山和湖北神农架地区，海拔在 1000~2600 米，约分布 16 种；③ 中国东北山区，主要包括东北三省长白山和大小兴安岭地区，海拔在 600~2000 米，约分布 11 种；④ 中国华北地区，主要包括安徽、河南、河北及内蒙古部分地区，海拔一般在 1200 米以下，约分布 8 种；⑤ 中国华中、华东等低山丘陵地区，主要包括东部沿海的山东、安徽、浙江、福建、广东及台湾地区，海拔一般在 1000 米以下，约分布 6 种。

　　从地理位置上来说，西南地区、秦巴地区及东北地区是我国百合集中分布区。西南地区是我国百合主要分布区，其中云南野生百合资源丰富程度居全国第一，据吴学尉 2009 年报道，已发现 25 个种及 9 个变种，包括：野百合（*Lilium brownii* F. E. Br. ex Miellez）、葡茎百合（*Lilium lankongense* Franch.）、墨江百合（*Lilium henrici* Franch.）、文山百合（*Lilium wenshanense* L. J. Peng & F. X. Li）、淡黄花百合（*Lilium sulphureum* Baker apud Hook. f.）、通江百合（*Lilium sargentiae* Wilson）、尖被百合［*Lilium lophophorum* (Bur. et Franch.) Franch.］、线叶百合［*Lilium lophophorum* (Bur. et Franch.) Franch. var. *linearifolium* (Sealy) Liang］、小百合（*Lilium nanum* Klotz. et Garcke）、紫花百合［*Lilium souliei* (Franch.) Sealy］、斑块百合［*Lilium henricii* Franch. var. *maculatum* (W. E. Evans) Woodc. et Stearn］、滇百合（*Lilium bakerianum* Coll. Et. Hemsl.）、金黄花滇百合（*Lilium bakerianum* Coll. et Hemsl. var. *aureum* Grove et Cotton）、黄绿花滇百合［*Lilium bakerianum* Coll. et Hemsl. var. *delavayi* (Franch.) Wilson］、无斑滇百合［*Lilium bakerianum* Coll. et Hemsl. var. *nnanense* (Franch.) Sealy ex Woodc et Stearn］、紫红花滇百合（*Lilium bakerianum* Coll. et Hemsl. var. *rubrum* Stearn）、蒜头百合（*Lilium sempervivoideum* Levl.）、玫红百合（*Lilium amoenumwilson* ex Sealy）、紫斑百合（*Lilium nebalense* D. Don）、窄叶百合（*Lilium nepalense* D. Don var. *burmanicum* W. W. Sm.）、披针叶百合［*Lilium nepalense* D. Don var. *ochraceum* (Franch.) Liang］、卓巴百合（*Lilium wardii* Stapf ex Stearn）、大理百合（*Lilium taliense* Franch.）、宝兴百合（*Lilium duchartrei* Franch.）、丽江百合（*Lilium lijiangense* L. J. Peng）、乳头百合（*Lilium papilliferum* Franch.）、川百合（*Lilium davidii* Duchartre）、绿花百合（*Lilium fargesii* Franch.）、单花百合（*Lilium stewartianum* Balf. f. et W. W. Sm.）、哈巴百合（*Lilium habaense* F. T. Wang &

Tang）、松叶百合（*Lilium pinifolium* L. J. Peng）、报春百合（*Lilium primulinum* Baker）、卷丹（*Lilium lancifolium* Ker Gawl.）等。西南地区部分百合资源见图1-2。

野百合

淡黄花百合

滇百合

卓巴百合

大理百合

墨江百合

宝兴百合

丽江百合

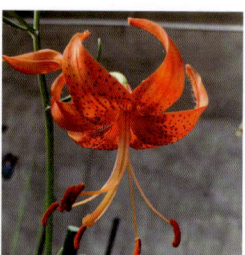

川百合

图1-2　西南地区部分百合资源

　　秦巴山区是我国野生百合资源的主要集中分布区之一，主要有宜昌百合 [*Lilium leucanthum*（Baker）Baker]、川百合、宝兴百合、绿花百合、野百合、山丹（*Lilium pumilum* DC Fisch.）、卷丹、大花卷丹 [*Lilium leichtlinii* Hook. f. var.*maximowiczii*（Regel）Baker]、岷江百合（*Lilium regale* E. H. Wilson）、高原百合、紫脊百合 [*Lilium leucanthum*（Baker）Baker var.*centifolium*（Stapf）Stearn]、乳头百合、白花百合（*Lilium candidum* L.）和渥丹（*Lilium concolor* Salisb.）14 种。

　　此外，东北地区（黑龙江省、吉林省、辽宁省）的气候条件也十分适宜野生百合的生长，有垂花百合（*Lilium cernuum* Komar.）、东北百合（*Lilium distichum* Nakai）、卷丹、大花卷丹、毛百合（*Lilium dauricum* Ker Gawl.）、山丹、条叶百合（*Lilium callosum* Sieb. Et Zucc.）、渥丹、有斑百合 [*Lilium concolor* Salisb var.*pulchellum*（Fisch.）Regel]、大花百合（*Lilium concolor* Salisb.var.*megalanthum* Wang et Tang）和朝鲜百合（*Lilium amabile* Palibin）等。东北地区部分百合资源见图 1-3。

有斑百合　　　大花百合　　　毛百合　　　大花卷丹　　　山丹

条叶百合　　　垂花百合　　　卷丹　　　朝鲜百合　　　东北百合

图 1-3　东北地区部分百合资源

二、百合栽培历史

百合作为目前世界上最受欢迎的花卉种类之一，有着悠久的栽培历史。

（一）国外栽培历史

在欧洲，人们对百合的认识可以追溯到 3600 年前的中克里特时代。2000 年前，百合花已被用于宗教礼仪活动。17 世纪初期，原产美洲的百合开始传入欧洲；18 世纪，中国原产百合通过丝绸之路被引入欧洲。从此，百合在欧洲庭院中成为一类重要的球根花卉。19 世纪后期，由于病毒病害的蔓延，百合产业受到阻碍，大多数栽培品种濒临灭绝。20 世纪初期，原产中国的岷江百合等原生种被引入欧洲，通过杂交，培育出许多适应性强的新品种，使百合在欧洲园林中重放异彩。第二次世界大战后，欧美各国掀起了百合育种的新高潮，培育出了许多品质优异的新品种。在欧美婚礼和葬礼上，百合也是最常用的花卉之一，见图 1-4。

图 1-4　百合用于婚庆

在法国，百合是古代王室的权力象征。从 12 世纪起，百合花便成为法国国徽上的图案。在智利国徽图案上也有一簇百合花，它是智利人民独立自由的象征。在美国的犹他州，有一年闹饥荒，居住于此的印第安人无粮食用，就挖取地下的百合鳞茎充饥，才得以生存。从而他们把百合奉为神圣的东西，作为该州的标记。旗帜中的百合花元素见图1-5。

智利国徽   犹他州州徽

图1-5 旗帜中的百合花元素

日本对百合花的记载最早在公元642—645年。公元720年，《右事记》一书有百合作为贡品献给天皇的记载，可见百合花在当时的珍贵程度。从飞鸟时代的文武天皇时期延续至今的三枝祭（又名"百合祭"），是日本最古老的祭典之一，每年6月17日，在率川神社，将插有百合的酒敬献给神明，如图1-6所示。日本现代百合栽培始于德川时代后期（约19世纪初），明治年间（19世纪末）开始推广，大正年间开始输出。20世纪30年代，日本的百合种球向世界各国大量出口，最盛时每年达4000万粒。

良好的经济效益驱动着世界上主要的花卉生产国大力发展百合切花和种球生产，以荷兰、法国、智利、美国、日本、新西兰6个国家为主。其中，荷兰年生产百合种球数量最多，其生产的种球绝大多数用于切花栽培。

图1-6 日本百合祭

（二）国内栽培历史

中国是应用和栽培百合最早的国家之一，百合的栽培历史可以追溯到2000年前。当时，百合以药用为主，《神农本草经》是现存资料中最早记载百合的文献，其中记载着百合的药用价值（图1-7）。医学家张仲景编著的《金匮要略》详细介绍了百合的药用价值。百合作为传统中药，种植历史悠久，主要产于湖南、浙江、江苏、陕西、四川、安徽、河南等省，以湖南所产品质为佳，行销全国并大量出口。

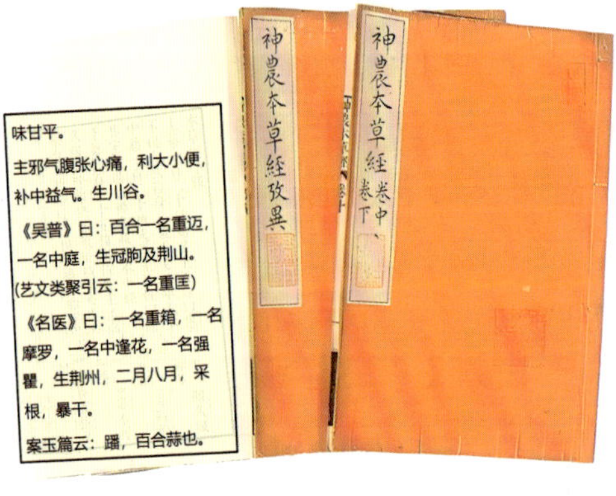

图1-7 《神农本草经》中关于百合的记载

在我国，从古至今都有食用百合种植的记载，在食用百合中最为著名的是甘肃兰州生产的兰州百合（*Lilium davidii* var. *unicolor*）。20世纪50年代，我国专门栽培百合的基地开始初具规模，如江苏宜兴的卷丹百合生产基地、甘肃的兰州百合生产基地（图1-8）、四川和云南的川百合生产基地等。

图1-8 兰州百合生产基地

百合的观赏栽培可溯源到唐、宋时期。唐代段成式在《酉阳杂俎》中记载"元和末，海陵夏侯乙庭前生百合花，大于常数倍，异之"，可见，观赏百合栽培在我国至少已有1200年的历史。

百合作为鲜切花在我国大规模栽培历史较短。20世纪30年代后期，上海、北京、广州、漳州、南京等一些大城市开始有切花百合栽培，如麝香百合（*Lilium longiflorum* Thunb.）、湖北百合（*Lilium henryi* Baker）、药百合（*Lilium speciosum* Thunb. var. *gloriosoides* Baker）等。当时，在上海非常盛行以纯白百合花作为插花、花篮和花束的材料。随着改革开放的深入推进，人民生活水平不断提高，20世纪90年代后期，切花百合已经广泛应用于花卉装饰中，切花百合种植已发展成为一个产业。百合因具有丰富的花形花色、浓郁的香味等特点，在市场上的地位日益凸显，种植经济效益十分可观，栽培面积迅速扩大。2000年以后，云南、

辽宁、广东、福建等地区切花百合种植面积较大，成为中国切花
百合主要产区。

第二节　百合的应用价值

一、百合的观赏价值

百合姿容雅致，花色五彩缤纷，叶片青翠娟秀，茎干亭亭玉
立，素有"云裳仙子"之称，是世界名花之一。在我国唐朝就有
观赏栽培百合的记载。百合的观赏价值除了在园林和花坛栽培、
盆栽展示方面，还可以用于切花，用作插花装饰和布景，其被视
为插花材料中的"花王"。

（一）切花

西方国家把白色百合作为圣洁的象征，我国也有用洁白的百
合花表示纯洁与节庆的风俗，百合切花被广泛用于宗教活动、婚
礼庆典、社交宴会等多种场合。现在，百合作为切花早已不限于
白色品种，红色百合花洋溢浓郁的喜庆与欢快气氛，黄色百合花
展示辉煌灿烂的色彩，彩色百合花展现娇媚柔和的风采。百合花
枝体量大，单枝花序上花朵多，依次由下向上开放，花期长，无
论是单枝瓶插还是多枝配置，或与其他花卉配插，都能得到极好
的观赏效果。无论是走亲访友、生日嫁娶，还是开业志禧、节日
庆典，百合切花都成了营造喜庆气氛不可缺少的元素，如图 1-9
所示。作为切花百合而应市的各类百合品种极大地丰富了人们的
生活。

花束 　　　　　　　　插花 　　　　　　　　婚车

图1-9　百合切花的部分应用

（二）景观绿化

观赏百合中抗逆性强、可自然越冬、花色丰富、花朵繁茂、生长健壮的品种，应用于园林布景、城市公共绿地和庭院绿化中，统称为庭院百合（图1-10）。庭院百合适合地栽或盆栽，对于植株高度没有具体要求，能在庭院和园林布景中作为背景植物、中景植物、前景植物等应用。在园林造景中，巧妙地利用不同种类、自然花期差异及种与品种间花色的变化，可以做到5月中下旬至8月中下旬的3个月时间里花开不断。此外，高大的种类可与灌木配置成丛；中高的种类可于稀疏林下或空地上成片栽植或丛植，亦可做花坛中心及花境背景。近年来，我国庭院百合生产发展势头强劲，具有广阔的发展前景和较高的经济价值。

（三）盆栽观赏

20世纪80年代开始，育种家培育出了许多植株低矮、颜色鲜艳、适宜盆栽的百合新品种，按照用途称为盆栽百合（图1-11）。盆栽百合具有株型紧凑、茎秆粗壮、抗性强、易管理、观赏性好等优点，因而受到消费者的追崇。盆栽百合可用于室内、阳台装饰。盆栽百合的出现既丰富了百合种类，也弥补了切花百合的不足。盆栽百合种类日益丰富，在美国和欧洲市场的发

图1-10　庭院百合品种展示

展相对稳定。近几年，我国盆栽百合市场逐渐兴起，作为盆栽花卉产业中的一个新兴品类，因其寓意美好、品种丰富、花色繁多、易于养护等优点，深受人们喜爱，市场需求逐年递增，具有广阔的发展前景。

图1-11　盆栽百合

二、百合的食用价值

（一）鳞茎

关于百合鳞茎作食用的记载，南北朝医学家陶弘景在《本草经集注》中做了详细描述："（百合）近道处处有，根如胡蒜，数十片相累，人亦蒸熟食之。"唐朝末年韩鄂编著的《四时纂要》中提到了百合的加工方法："百合面：取根曝干，捣作面，细筛，甚益人。"明代李时珍在《本草纲目》中将百合归入"菜部"，说明百合在当时已经被作为药食同源植物。食用百合鳞茎见图1-12。

图1-12　食用百合鳞茎

百合营养成分丰富，富含碳水化合物、蛋白质、脂肪、维生素及微量元素等，是一种营养价值较高的食品。据研究报道，每100克可食用鲜百合鳞片中含碳水化合物30~35克，蛋白质3~4克，脂肪0.1~0.2克，维生素5~10毫克，钾（K）500~600毫克，钙（Ca）10~20毫克，镁（Mg）20~30毫克，磷（P）50~70毫克，铁（Fe）0.5~1.0毫克，还含有16种氨基酸，其中包括7种人体必需氨基酸。

百合独特的口感和清新的外观，以及所富含的营养成分，在食品的开发应用中具有一定优势。百合食用方法很多，可做菜入饭，可炒、煎、烧、蒸、煮，能做出数十道高中档的菜肴（图1-13），其中较为名贵的有百合雪莲、蜜饯百合等。在唐代，每当清明时节，山西、江苏、陕西等地的传统小吃"东山百合"便流行起来，当地的权贵将其作为高级礼品进奉朝廷。严冬季节，湖北黄冈的黄州菜市场上，那些果实肥厚、色雅形秀、养分尤丰的百合深深吸引着消费者的目光。湖南的湘百合与肉同煮，色香味俱佳，肉香百合醇，食之别有一番风味。

| 百合莲子羹 | 百合山药糕 | 虾蓉百合 |

图1-13 部分食用百合制品

百合既可以制成罐头，也可以制成桂花粉百合、糯米百合粥等。江浙一带的农村在夏季常把百合制成羹点和百合饮料来食用。百合酒、百合饮料、百合糖、百合花茶、百合煎饼、百合粉等食品既好吃又有文化内涵，是健康饮食和馈赠珍品。百合加工产品见图1-14。

《中国植物志》（1980年版）记载了10个百合种（变种）的鳞茎可供食用，如野百合、渥丹、山丹、毛百合、川百合、卷丹、东北百合等。目前，我国规模化种植的食用百合品种主要有兰州百合、卷丹和龙牙百合（*Lilium brownii* var. *viridulum* Baker）。兰州百合为传统的食用甜百合，由它制作而成的食品在国内外都很受欢迎。卷丹代表品种有宜兴百合（*Lilium lancifolium*

百合粉    百合酒

图 1-14　百合加工产品

Thunb.），其属于卷丹的变种。龙牙百合是野百合的变种，其鳞茎中含有丰富的营养物质和药理活性物质。以龙牙百合为主要原料的各类百合产品，是国内外消费者喜欢的美味食品。

（二）花

百合花中含有人体所需的多种营养成分及微量元素，包括糖、蛋白质、氨基酸、脂肪、果胶、磷（P）、钾（K）、钙（Ca）、镁（Mg）、铁（Fe）、钠（Na）、镉（Cd）、锰（Mn）、锌（Zn）、铜（Cu）等营养成分。百合花瓣总糖和超氧化物歧化酶含量较高，是原生态消除活性氧和自由基的产品，可以防止衰老、增加免疫、提高再生能力。百合花加工食品主要有以下 3 种。①将百合花制成百合花干，用开水冲泡作为茶饮，味道鲜美、清香高雅，集多种营养于一身，可润肺清火、安神利尿，对于改善肝火上浮、夜不成寝、失眠健忘具有一定效果。②百合花可以直接入菜，鲜百合花可以拌菜、炖汤或者煎炸。趁其含苞待放，及时采摘，晾晒成干，可做成味道鲜美的汤菜，有润肺清心的功效。把百合花与绿豆同煮，有清热解暑作用。③百合花中的天然色素可用于食品、日用化工产品的着色。百合花加工食品见图 1-15。

百合花茶   炸百合花

图 1-15　百合花加工食品

三、百合的药用价值

百合甘寒质润，既是常用中药处方的配伍药材，也是许多中成药和保健品的原料药材。百合药用始载于《神农本草经》，张仲景在《金匮要略·方论》中指出百合为良药，并记载了其炮制方法。《中华人民共和国药典》（一部，2020 年版）记载，"百合性味甘寒，具有养阴润肺，清心安神之功效，用于治疗阴虚久咳、痰中带血、虚烦惊悸、失眠多梦、精神恍惚等症"。

现代医学研究结果表明，百合含有生物碱、有机酸、多糖、黄酮、甾体皂苷、磷脂等多种活性成分，具有一定的保健及疾病治疗作用。例如，百合水煎剂或水提取物具有止咳、祛痰、平喘、镇静、催眠作用，可用于肺伤咽痛、喘咳痰血等呼吸系统疾病的治疗；百合多糖具有清除羟自由基、抗氧化、降血糖、增强免疫功能，能抑制癌细胞的增殖，可用于免疫力低下及乳癌等治疗；百合素及其磺酸化产物有去屑止痒等功效；百合中含有多种矿物质和维生素，这些物质能促进机体营养代谢，使机体抗疲劳，增强耐缺氧能力；百合中的果胶、磷脂类物质、黏液质及维生素对黏膜皮肤有一定的保护作用，可以用于慢性胃炎、胃溃疡等消化道疾病的治疗；百合中的秋水仙碱对于缓解肝病症状、防癌抗癌具有一定的治疗效果；百合甲醇提取物具有抗炎作用，常用于肺炎、支气管炎等疾病的治疗；百合中的总皂苷具有一定的抗抑郁作用，可用于治疗精神疾病。此外，百合还可以起到抗疲劳、保肝、利胆、促进伤口愈合等药理作用（图1-16）。

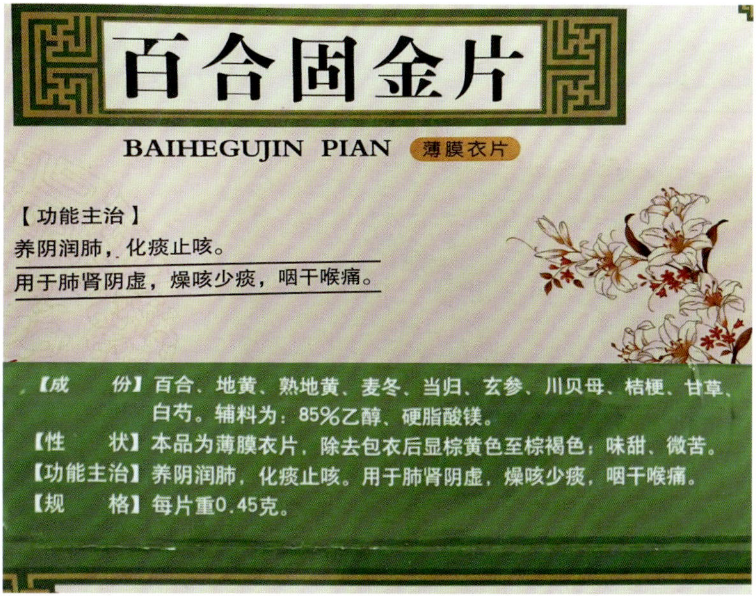

图1-16　百合药用

还有研究发现，百合是护肤类化妆品（如防晒霜、洗面奶、面膜、护发素、精油等）的主要植物原料之一。它的功能也丰富多样，包括抗衰老、防辐射、美白、保湿、祛斑、治疗粉刺、促进头发再生等。百合加工的化妆品见图1-17。

洗面奶　　　　　　　　面膜　　　　　　　　精油

图1-17　百合加工的化妆品

🍀 第三节　百合鲜切花生产现状

一、鲜切花生产现状及主要问题

百合是世界主要商品花卉之一，其种植经济效益好，世界主要花卉生产国都在积极地发展百合生产。

世界最大的百合种球生产和出口国荷兰在百合种质资源收集利用、新品种选育，以及种球繁育涉及的基础理论研究、应用研究、产业化推广等领域始终居于世界领先地位。荷兰每年推出百合新品种500多个，累计选育新品种超过6000个，建立了高度专业化的产业体系；每年生产百合种球超过22亿粒，其95%以种球或者切花的形式出口到世界各地。在荷兰4000多公顷的百合种球种植面积中，亚洲百合及LA百合有1200多公顷，东方百合及OT百合有1700多公顷。2022年，LA百合生产面积保持10%以上的快速增长，其中白色品种生产面积最大，达到330公顷，其次是粉色、黄色和橙色品种，红色品种种植面积最小。东方百合及OT百合2022年生产面积下降约5%，主要为粉色和白色品种，繁殖数量最多的品种'西伯利亚'种植面积约160公顷。荷兰百合生产的另一个趋势是重瓣百合开始增加，2022年一、二年球龄种球相加的生产面积已近200公顷，比2021年增加了近40%。粉色的'Roselily Isabella'种植面积约18公顷，白色的'Roselily Ramona'种植面积超过20公顷。

在日本，切花百合以东方系、麝香系与亚洲系的新杂交品种中的黄色、橙色和粉色系列品种为主；在韩国，切花类百合占主要地位，且生产效益最好；在非洲主要的花卉生产国肯尼亚，百合切花居其鲜花出口量的第二位，具有十分惊人的经济效益。中国百合切花生产处于发展期，切花种球主要依赖进口。从我国百合进出口情况来看，进出口产品以观赏百合为主，且种类相对单一。我国观赏百合产区集中在云南昆明、辽宁凌源及广东等区域，种植面积约12万亩①。云南昆明产区种植面积自2013年连续增长至2017年，已达4万亩左右，近两年受百合种用鳞茎进口限制的影响，种植面积有所下降。北方地区以辽宁省凌源市的观赏百合为代表，与云南省、广东省并称为三大切花百合生产基地。目前，凌源百合已成为辽宁省政府确定的"一县一业"重点扶持产业。凌源被中国园艺学会球根花卉分会评定为"中国百合第一县"，先后获得全国花卉电商产销模式示范县、辽宁省花卉知名品牌创建示范区等称号，在我国花卉界享有"南有云南，北有凌源"的美誉。近年来，百合切花市场需求旺盛，生产者能获得较为丰厚的利润，种植面积迅速增长，种球需求量随之急剧增加。2023年百合种球进口额为9549.92万美元，较之前增加11.75%，进口种球3.35亿粒，主要来自荷兰、智利、新西兰和法国，仅从荷兰进口百合种球就超过2.87亿粒。2023年我国百

---

① 亩为非法定计量单位，1亩≈666.7米²，此处使用为便于读者理解，兼顾生产应用习惯，下同。——编者注

合种球进口数量最多的 5 个省（直辖市）分别是云南（1.98 亿粒）、广东（0.65 亿粒）、辽宁（0.21 亿粒）、上海（0.23 亿粒）和浙江（0.20 亿粒）。百合种植需求不断增加，种球单价逐年升高，自 2021 年以来，已经连续 3 年上涨，进口海关申报平均单价从 2021 年的 0.18 美元/粒，上涨到 2023 年的 0.28 美元/粒。

随着人们生活水平的提高和审美观念的变化，对百合的需求也会持续增加。同时，伴随种植技术进步和品种改良，百合的产量和品质有望得到进一步提升。未来，可以通过研发新品种、改进栽培技术、拓展应用领域、提升种植技术等方式，进一步推动百合产业的发展。

二、种植效益分析

百合，作为一种具有悠久历史和高营养价值的花卉和食药用植物，一直受到市场的追捧。百合在鲜花市场上以其优雅的姿态和芳香的气味备受欢迎，在食药用领域被广泛用于药膳、养生等。随着人们对健康饮食的重视和对高品质生活的追求，百合市场消费呈现出持续增长的趋势。百合作为一种具有特色和高附加值的作物，不仅可以带来丰厚的经济收益，而且可以增加农业产品的多样性，丰富市场供给，在推动农业结构调整和农产品品牌化的同时，也能够增加农民收入，促进农村经济发展。

百合种植效益较高，正常年份，食药用百合种球收购价每千克 30 元左右，亩产 500~1000 千克，除去成本，每亩收益 1 万元左右。百合切花生产，每亩地栽植种球 1.3 万粒，每粒种球价格 3.0 元，种球投入约 3.9 万元。每亩地切花 1.2 万枝，按照每枝切花平均售价 7.5 元计算，每亩可收入 9.0 万元。扣掉人工、水电、肥料、药剂等费用 1 万元，每亩纯收入可以达到 4.1 万元甚至更多，经济效益可观。

相比其他农产品，百合种植具有诸多优势。其一，切花百合种植周期相对较短，一般在 2~4 个月，投资者可以在较短时间内实现回报。其二，百合鳞茎耐贮性较强，能够长时间保存，有利于稳定供应和销售。其三，百合种植技术相对简单，适合初学者投资和经营。随着农业科技不断发展，种植业也在不断迭代更新种植技术。在百合种植领域，一些先进种植技术（如人工智能、无土栽培等）正逐渐应用于实践。这些技术不仅能够提高百合的产量和品质，而且能够降低生产成本，提高种植效率，为投资者带来更多的利润。

第二章　百合生物学特性

　　百合为多年生草本植物，因其具有肥大的鳞茎而被归于球根花卉。百合主要由地上部和地下部两部分组成。地下部有鳞茎、子鳞茎、茎生根、基生根，地上部可以分为茎、叶片、花、果、珠芽（大部分百合无珠芽）等部分（图2-1）。

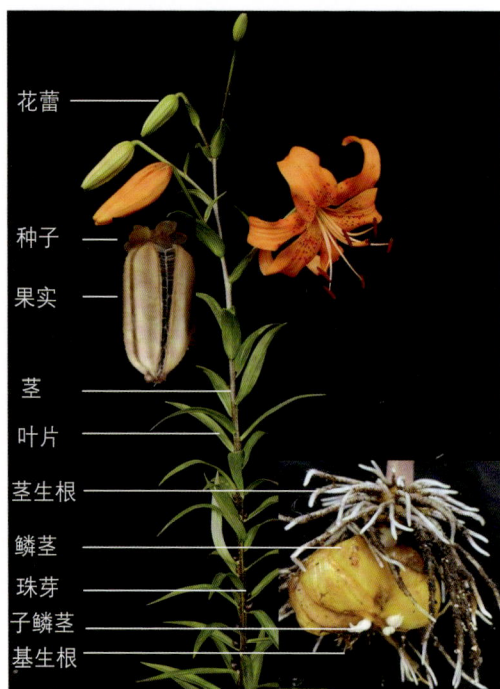

花蕾
种子
果实
茎
叶片
茎生根
鳞茎
珠芽
子鳞茎
基生根

图2-1　百合形态特征

🍀 第一节　百合植物学性状

一、根系

　　根的总称为根系，它是百合的重要器官。根系深入土壤之中，能固定植株，以及吸收水分和矿质营养，并合成和储藏有机营养物质（如多种氨基酸、蛋白质和激素等）。根系对百合地上部分各器官的生长和发育起着重要作用。按照根系发生的不同时期和不同部位，可将百合根系分为基生根和茎生根两种（图2-2）。

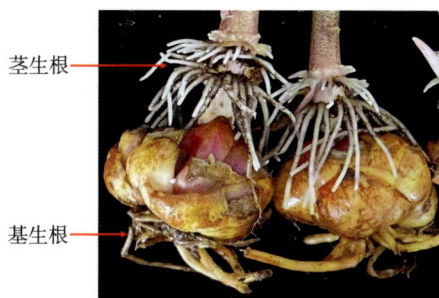

图2-2　百合根系分类

（一）基生根

　　基生根（图2-3）又称下根、收缩根，是由鳞茎盘基部长出的真正的根，其短而粗，是百合的主要根系。基生根属于肉质根，它的功能是支撑地上部分和供给植株养分及水分。在生长季，基生根上可萌生许多细长的不定根，即侧根。百合基生根数量固定，根量少且质脆，一旦损伤便难以恢复生长。因此，百合不耐移栽。百合在移植时应注意尽量避免损伤根系，否则会影响植株生长发育。百合基生根的寿命较长，一般在2年以上，基生根的形成时期在春末叶的伸长期。

图 2-3　百合基生根

百合根系生长与环境因子密切相关。以毛百合为例，从 4 月初开始，基生根（包括其上的侧根）一直呈增加趋势，根的吸收能力逐渐增强。8 月中旬，当地温、气温均较高，降水也较多时，基生根总长达最大值，并且有最多的侧根数。8 月末，随着各环境因子数值开始递减，基生根生长趋向缓慢，9 月中旬后基本停止生长。10 月末至 11 月初，当温度降至 0 ℃时，毛百合地下部分进入休眠状态。

（二）茎生根

茎生根又称上根，生长于种球顶部至土壤表面以下的茎段上面。茎生根起着支撑整个植株和吸收养分、水分的功能，其寿命只有一个生长季。茎生根为纤维状根，一般为 2~3 层，个别品种有 1 层或多层。在茎生根基部可形成一些次年即可独立生存的小鳞茎，习惯称之为茎生籽球，在日本的资料中称"目子"（图 2-4）。在生长季节，保护好茎生根，对地上部分发育和地下鳞茎的更新及小鳞茎的增殖都是非常重要的。百合种类不同，其茎生根形成的时期和寿命也略有差异。百合茎生根发育适温在 12~13 ℃，顶芽生长的前 3~4 周是茎生根发育的关键阶段。茎生根是在地上茎形成后在其基部茎节上产生的，自然状态下，一般在

5月中旬开始形成，从5月中旬至6月末，茎生根总数、长度等一直呈明显增加趋势，至7月初达到最大值。此时正是百合果实发育期，需要大量营养，而密生于植株地下茎段的茎生根可以帮助植株吸收更多的水分和养分，以满足百合地上部分生长发育的需要。因此，茎生根发育不良的百合植株生长势很弱。

图 2-4　百合根系及新生小鳞茎

大多数百合具有茎生根，如朝鲜百合、天香百合、宜昌百合、野百合等。但有些百合种类无茎生根，如哥伦比亚百合（*Lilium columnianum*），这类百合从移植到恢复生长所需的时间比具有茎生根的百合种类的时间要长。

二、茎

茎的主要功能是运输和支撑，可将根从土壤中吸收的水分和无机盐运送到地上各器官，同时能将叶片光合作用制造的产物输送到根部及植物体的各个器官。茎还具有支持叶、花、果实的功能，将它们合理地安排在一定的空间里，有利于光合作用、开花、传粉的进行，以及果实、种子的成熟与散布。除此之外，茎具有储藏和繁殖的功能。百合属植物的茎具有形态多样性，使得茎的发生类型和扩展方式也有所不同，但在一般情况下，百合的茎由地上茎和鳞茎两部分组成。

大多数百合属植物的地上茎直立、不分枝，为圆柱形，少数百合的茎具棱（图 2-5），颜色为绿色或紫褐色，具有节和节间，并在节上着生叶。早春，在合适的温度（一般土温为 14~16 ℃，气温为 16~20 ℃）、光照条件下，百合从鳞茎中长出一个直立的茎（称为抽薹），经过一段时间的生长，从茎顶部可分化出花芽。对于卷丹及其杂交品种，在地上茎叶腋处产生紫黑色的球状体，称为珠芽（图 2-6）。在植物学上，它们相当于短缩的枝条，可以作为无性繁殖的材料。

无棱茎　　　　　　　有棱茎

图 2-5　百合的无棱茎和有棱茎

百合茎的表面通常无毛，但有些种类存在附属物（图 2-7）：毛百合、滇百合、大理百合等的茎表面粗糙；卷丹、柠檬色百合（*Lilium leichtlinii* Hook. t.）、川百合、珠芽百合（*Lilium bulbiferum* L.）及其变种的地上茎具绵状毛；卓巴百合、乳头百合等的茎上有乳头状突起；渥丹和朝鲜百合等的茎上有短硬毛。

生长在茎上的珠芽　　　　　　　采摘下的珠芽

图 2-6　百合珠芽

卷丹百合茎覆绵状毛　　　　　　栽培品种光滑茎

图 2-7　不同附属物的百合茎

百合的地下鳞茎是包有肥厚肉质叶片的短缩茎。其地下茎短缩形成鳞茎盘，在鳞茎盘上着生肥大的变态叶，称为鳞片。成年鳞茎顶芽生长，发育成地上茎、叶，继而开花。幼龄鳞茎的顶芽为营养芽，不能抽生地上茎，只形成基生叶。不同种类、品种间鳞茎大小存在很大的差异。百合地下鳞茎已失去正常茎的形态和主要生理功能,主要作为储藏器官,为植株提供前期生长发育所需营养物质,同时具有繁殖功能,在鳞茎上保存着芽体和生长点,使植物度过不良环境后生命得以延续。百合的鳞茎主要由基盘、鳞片、茎轴、顶芽、根系5部分组成(图2-8)。

图2-8　百合鳞茎结构组成

鳞茎的大小与花蕾的数目密切相关,通常情况下,花蕾数目与鳞茎周径大小成正比。例如,麝香百合杂种系品种,当周径为10~12厘米时,有1~2个花蕾;当周径为12~14厘米时,有2~4个花蕾;当周径为14~16厘米时,有3~5个花蕾;当周径大于16厘米时,有4个以上花蕾。

百合鳞茎没有膜质外皮包被,鳞片沿鳞茎中轴呈覆瓦状叠生,外层的肉质鳞片常比内层鳞片大,这种鳞茎称为无皮鳞茎。鳞茎的外形变化多样,有球形、扁球形、卵形、长卵形、梭形等。例如,朝鲜百合、玫红百合等的鳞茎为卵形,岷江百合、天香百合、兰州百合的鳞茎近球形,川滇百合、大花卷丹等的鳞茎为扁球形(图2-9)。

兰州百合球形鳞茎　　　　　　　大花卷丹扁球形鳞茎

图 2-9　不同形状的百合鳞茎

百合鳞片是变态的叶，有节或无节，肉质，自外向内鳞片由大变小，储藏着丰富的营养物质（如淀粉、蛋白质等）。不同种百合鳞片大小、形状、颜色各不相同，这些特征是百合分类的依据。

百合鳞片通常以覆瓦状排列，有的排列紧密，如川百合、兰州百合、大花卷丹等；有的排列松散，如美丽百合（*Lilium speciosum* Thunb.）、天香百合、毛百合等（图 2-10）。

大花卷丹百合鳞片紧密　　　　　　毛百合鳞片松散

图 2-10　不同排列方式的百合鳞片

一般百合鳞片为披针形或椭圆形，也有百合鳞片为三角形或窄卵圆形，如汉森百合（*Lilium hansonii* Leichtlin ex D. T. Moore）；轮叶百合、毛百合鳞片狭窄，具有尖锐与明显的节间（图2-11）。

文山百合带节鳞片   卓巴百合卵形鳞片

图 2-11　不同形状的百合鳞片

百合鳞片颜色通常为白色，也有黄白色、黄色、橙黄色、紫红色等。例如，大花卷丹、兰州百合的鳞片为白色，新疆百合（*Lilium martagon* L. var. *pilosiusculum* Freyn）的鳞片为黄色，岷江百合、丽江百合的鳞片为紫色或紫红色（图2-12）。

大花卷丹白色鳞片   岷江百合紫红色鳞片

图 2-12　不同颜色的百合鳞片

同一鳞茎上内、外层鳞片的生理年龄是不同的，外层鳞片是前一年形成的鳞片，称为初生鳞片；内层鳞片是当年生的鳞片，称为次生鳞片，由靠近茎秆基部的分生组织形成。通常在现蕾阶段，内层鳞片轴，即侧芽转变为具顶端优势的分生组织，形成新的内层鳞片，使鳞茎不断增大。

三、叶

叶是百合最重要的功能器官之一，主要进行光合作用，制造有机营养物质，并具有呼吸、蒸腾和吸收等多种生理功能。因此，防止叶片过早脱落是栽培百合成功的关键。

多数百合的叶片互生，叶序略呈螺旋排列，如岷江百合、白花百合等；也有少数百合的叶片为轮生，如东北百合、青岛百合、新疆百合、欧洲百合（*Lilium martagon* L.）。百合叶片的不同着生方式见图2-13。

互生　　　　　　　　　　　　轮生

图2-13　百合叶片的不同着生方式

不同种类百合的叶片形状差异较大，叶片基部有无叶柄或短柄、叶片全缘或边缘有无小乳头状突起等都是分类的依据。例如，有斑百合、垂花百合无叶柄；药百合叶片具有短柄；毛百合、川滇百合、报春百合叶片为披针形；岷江百合、渥丹、山丹、条叶百合叶片为条形；乳头百合、汉森百合、藏百合等的叶片为椭圆状披针形；尖被百合宽披针边缘有乳头状突起；葡茎百合叶片边缘和背面具少量乳头状突起；而南川百合同一植株上生有两个类型的叶片，下部条状披针，上部宽短披针。不同形状的百合叶片见图2-14。

毛百合披针形叶片    山丹条形叶片

图2-14　不同形状的百合叶片

叶片的大小因品种和栽培条件而异。叶片数目为50～150枚（因品种、栽培条件、处理时间不同而异）。一般叶片具1～7条叶脉，且中脉明显，侧脉次之，在叶表凹陷，但也有百合品种的中脉浮凸于表面，如川滇百合。叶片呈黄绿色、绿色或浓绿，具光泽，质地柔软。不同品种的百合叶片见图2-15。

四、花

花既是欣赏的主要对象，又是分类的重要依据。

野生品种　　　　　　　　栽培品种

图 2-15　不同品种的百合叶片

（一）花序

多数百合的花为总状花序，如卷丹、山丹、青岛百合等；部分百合为伞房花序，如毛百合、文山百合、宝兴百合等；也有少数百合是单花，花朵着生于茎顶，如台湾百合（*Lilium formosanum* Wallace）、玫红百合等。百合的不同花序见图 2-16。

总状花序　　　　　　　　伞房花序

图 2-16　百合的不同花序

（二）花形

花形是百合的主要分类依据，主要有喇叭形，即先端 1/3 向外反卷，如文山百合、岷江百合、宜昌百合等；碗形，即花被片先端微反卷，如天香百合、董氏百合（*Lilium*×maculatum Thunberg）等；漏斗形，即花被片不反卷，雄蕊向中心聚拢，如格雷百合（*Lilium grayi* S. Wats）、玫红百合、藏百合等；下垂反卷形，即花朵下垂，花被片反卷，好像倒扣的帽子，如垂花百合、药百合、丽江百合等；也有少数百合花为星形，即花被片张开但不反卷，如青岛百合、蝶花百合（*Lilium saluenense*）等。近些年，重瓣花形尤其是玫瑰形重瓣花在切花市场中特别受欢迎。百合的不同花形见图 2-17。

宜昌百合喇叭形　　　　天香百合碗形　　　　山丹下垂反卷形

滇百合钟形　　　　大花百合星形　　　　重瓣百合玫瑰形

图 2-17　百合的不同花形

（三）花的组成

百合的花主要由花被、雄蕊和雌蕊组成。其中，花的最外层为6枚花被片，分两轮，由3枚花萼和3枚花瓣组成，颜色相同，但花萼比花瓣稍狭，均为椭圆形，基部具蜜腺。花被片通常为披针形或匙形。有的百合花被片的基部蜜腺两侧有乳头状突起，如条叶百合、毛百合或川百合等；有的种类蜜腺两侧突起呈流苏状，如南川百合；但有的种类不具有此特征，如台湾百合、紫斑百合等。虽然百合花瓣颜色丰富，但至今尚无蓝色品系的花。许多花被片基部具有大小不同的斑点或斑块，如紫斑百合喉部呈深紫色，大花卷丹、青岛百合等花被片具有明显的斑点。百合花被片的不同特点见图2-18。

圆叶丽江黑色蜜腺　　　朝鲜百合乳头状突起　　　南川百合流苏状突起

图2-18　百合花被片的不同特点

大多数百合花有雄蕊6枚，花丝细长，花丝分为有毛或无毛（图2-19），花药呈椭圆形。大多数种类的百合花柱与子房近似等长；也有少数种类的百合花柱细长，长度为子房的2~3倍，如丽江百合、卓巴百合等。

百合的花色极为丰富，有白色、粉红色、红色、黄色、橙红色、紫红色、复色等；斑点或斑块的颜色有黑色、红褐色、红色、紫红色、黑褐色等；花粉的颜色有黄色、橙红色、红色、红褐色、紫褐色等，有的种或品种会出现花粉败育现象。百合不同花粉颜色见图2-20。

有毛花丝　　　　　　　　　　无毛花丝

图2-19　百合不同花丝

红色

橙红色

红褐色

紫褐色

黄色

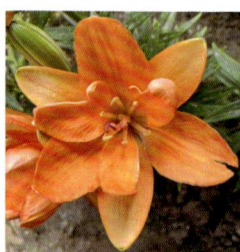
花粉败育

图2-20　百合不同花粉颜色

五、果实及种子

百合的果实属蒴果，呈矩圆形、不规则矩圆形、球形或倒卵形（图2-21）。大多数果实内有数百粒种子，而台湾百合单果种子数量最多，可以达到1500~2000粒。

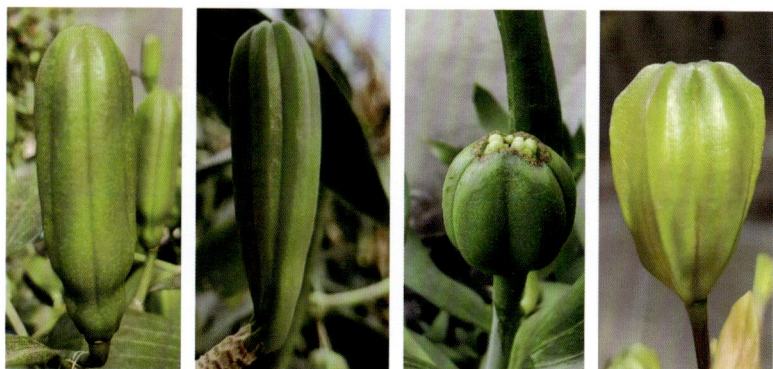

矩圆形　　　不规则矩圆形　　　球形　　　倒卵形

图2-21　百合不同形状果实

种子多数扁平，每粒种子的中间有一个长条形的胚，也是未来新植株的雏形。胚的外面包围着近圆盘形的胚乳。百合种子大多具膜质翅，质轻而薄，在自然繁殖时，这种翅有利于种子随风散布，繁衍后代；有的百合种子翅膜不明显，如南川百合（图2-22）。

百合种子的大小、质量因种类而异（图2-23）。例如，宜昌百合种子直径为10毫米；而条叶百合种子较小，直径仅2毫米。在干燥、低温的贮藏条件下，百合种子可保存3年，甚至更长时间。

具翅膜种子　　　　　　　　翅膜不明显种子

图2-22　百合不同形状种子

图2-23　泸定百合种子（左）与条叶百合种子（右）大小对比

🍀 第二节　百合生长发育习性

百合整个生长发育周期通常分为3个阶段，分别是生长期（鳞茎的抽芽和花芽的生长分化）、开花期（夏秋时节开花时期）、休眠期（冬季鳞茎休眠）。Kawagishi等将百合生长周期划分为4

个阶段，分别为鳞茎种植到发芽展叶阶段、花蕾出现阶段、开花阶段及采收阶段。

一、营养生长

（一）萌芽期

1. 种子萌发

大多数百合在自然条件下可以产生种子，有些百合种子萌发快、萌发率高，可以优先采用种子繁殖，如新铁炮百合（*Lilium brownii* var. *viridulum* Baker）、台湾百合、岷江百合等，其生长发育的开端是从种子发芽开始的。岷江百合从种子到开花最快需要一年半的时间，台湾百合从种子到开花只需要 8~12 个月。百合种子萌发见图 2-24。

图 2-24　百合种子萌发

百合属植物种子萌发有以下两种形式。

（1）子叶留土型：亦称地下子叶型。发芽种子的子叶柄伸长很少，随着种子胚轴的伸长，带种壳的子叶逐渐萎缩，这样子叶就留在土面以下。通常子叶留土型的百合种子较大，萌发慢，有休眠现象，如天香百合（*Lilium auratum* Lindl.）、具有东方百合血统的杂交后代种子等。子叶留土型百合种子萌发见图2-25。

图 2-25　子叶留土型百合种子萌发

（2）子叶出土型：亦称地上子叶型。发芽种子的子叶柄迅速伸长，从而将子叶带出土壤表面，其子叶柄可长达8厘米，并能进行光合作用。嫩芽的叶鞘生长相当差，第一片叶在叶鞘中，这片叶在子叶出土后就能生长。子叶出土型的百合种子较小，萌发快，休眠较浅。此类型的萌发方式占百合属的半数以上，如常见的麝香百合、岷江百合、条叶百合、亚洲百合的杂交后代等。子叶出土型百合种子萌发见图2-26。

图 2-26　子叶出土型百合种子萌发

2. 鳞茎萌发

有些百合在自然条件下不易形成种子，如三倍体卷丹，不结种子，主要靠鳞茎或珠芽进行繁殖。此外，因为繁殖速度快、繁殖效率高，所以鳞茎也是大多数百合的主要繁殖器官。百合鳞茎一般在秋季9—10月种植，在中国南方地区，鳞茎内部的幼芽于当年萌发生长，于秋冬季以簇状叶越冬；在中国北方地区，鳞茎有部分新根长出，至翌年春季3—4月才开始萌发。次年3、4月幼芽出土，茎叶生长，此时剥去外层所有鳞片可以看到在鳞茎盘上幼芽基部周围新生出1~4个生长点。新的生长点以自身为中心不断分化新的鳞片，使鳞茎不断膨大增重。

（二）茎叶生长及籽球形成

百合萌发初期，地上部分生长缓慢，而随着开始抽薹，养分几乎全部送往地上部分，鳞茎不再发育。随着温度的升高，茎叶生长旺盛，4月下旬至5月上旬是生长高峰期。随着花芽分化的进行，需消耗大量养分，因此，在6—7月茎叶生长减缓。到开花前，茎基部形成新的茎生小籽球。此后，经过夏季高温，8月以后，地上部分开始枯萎，鳞茎内的生长点转而分生出细长、单薄、叶脉明显的叶片幼体，基部也开始伸长，从而在鳞茎内部形成幼芽。由于百合的叶片在籽球分化时已经大量形成，种球采收时，其数目已基本固定，采后低温处理，虽然可能会继续再生叶原基，但是数目有限。

麝香百合植株出芽至10~15厘米时为营养生长期，叶片分化与生长期大约为7周，在此期间所有叶片均已形成，叶片数因品种不同而异，如'白内莉'（Nellie White）有72~83片，新铁炮百合70~80片。麝香百合在露地栽培条件下，开春需经历一段缓慢生长期，然后进入快速生长阶段。

亚洲百合杂种系是园艺品种最多的杂种系之一，由于其杂交亲本众多，遗传关系非常复杂，所以不同品种间的形态差别比较大。总的来说，亚洲系百合露地栽培一般于10月下旬至11月初，土壤自然封冻前半个月左右定植，接受自然低温后，于翌年春季3月下旬至4月上旬萌发，经过1个月的生长，叶片数达到20~150枚。蕾期亚洲百合杂种系见图2-27。

图 2-27　蕾期亚洲百合杂种系

东方百合杂种系亲本原产于降雨量较多的地域，所以其鳞茎对于干燥环境不太适应。在自然条件下，此类百合品种主要适合在温暖湿润地区进行栽培。裸地越冬栽培多在山东以南，一般在11月中旬定植，春季随着气温上升，鳞茎基部根群开始活动，3月下旬至4月初，顶芽伸出地面。在适宜的温度和光照下，陆续长出真叶，直至茎尖分化花芽为止。蕾期东方百合杂种系见图2-28。

图2-28　蕾期东方百合杂种系

二、生殖生长

（一）花芽分化期

花芽分化是植物由营养生长转为生殖生长的必经过程，植物需要经过一系列生理和形态变化，最后形成整个花序。不同品系和品种、不同种球冷藏时间和定植季节、不同栽培环境会导致百合花芽分化过程出现较大差异。

总体来说，根据花芽分化的时间，将百合花芽分化分为以下4类。①花芽分化在夏末早秋开始，在秋末入冬完成，如毛百合及不少亚洲百合杂种系。②花芽晚秋分化，至翌年春天发芽前完成，如汉森百合、日本百合（*Lilium japonicum* Thunb.）及有斑百合。此两种类型百合第二年开花较早，一般在5月下旬至6月上旬开花。③在春季刚萌发时花芽开始分化，通常1—2月完成分

化过程,如美丽百合、大花卷丹、轮叶百合、条叶百合。④春季
发芽后约 1 个月开始花芽分化,如卷丹、湖北百合。有些百合
(如渥丹百合)根据种植地的不同,花芽分化情况会有所变化。

根据花芽分化与萌芽的先后关系,花芽分化可分为萌芽前花
芽分化型和萌芽后花芽分化型两种。前者是经过长时间低温后,
植株出土前已完成花芽分化;后者是植株出土后,在适宜的温
度、水分等条件下才开始花芽形态分化。细叶百合在自然越冬条
件下,9 月中旬即开始花芽分化过程,11 月自然封冻前已完成花
被原基分化期,翌年 4 月下旬进入雌、雄蕊分化期,5 月中旬花
芽分化完成,整个过程持续 8 个月,属于萌芽前花芽分化型。东
方百合、亚洲百合、OT 百合大部分品种在低温期鳞茎短缩芽萌
动前一直保持营养生长状态,属于萌芽后花芽分化型。

根据花芽分化形态变化进程,百合花芽分化可以划分为 5 个
时期,即未分化期(叶芽期)、花原基分化期、花被原基分化期、
雄雌蕊分化期和整个花序形成期。百合每个(品)种花芽分化完
成时间长短和小花原基分化数目的多少是不同的。在室温条件
下,鳞茎周径 12~14 厘米的'西伯利亚'从花芽分化开始至整个
花序形成需要 55 天左右,形成 1~2 个花蕾;麝香百合杂种系
'雪皇后'整个花序形成需要 30 天左右,形成 2~3 个花蕾;亚洲
百合杂种系'哥德琳娜'整个花序形成需要 45 天左右,形成 7~
10 个花蕾;3~4 年生细叶百合整个花序形成需要 8 个月左右,形
成 3~4 个花蕾。

百合花芽分化顺序一般由外向内进行,依次为外层花瓣原基
形成、内层花瓣原基形成、雄蕊原基形成、雌蕊原基形成,如图
2-29 所示。花芽分化的进程在品种间有着明显的差异。

1—未分化期　　　　2—小花原基分化期　　　　3—外轮花被分化期

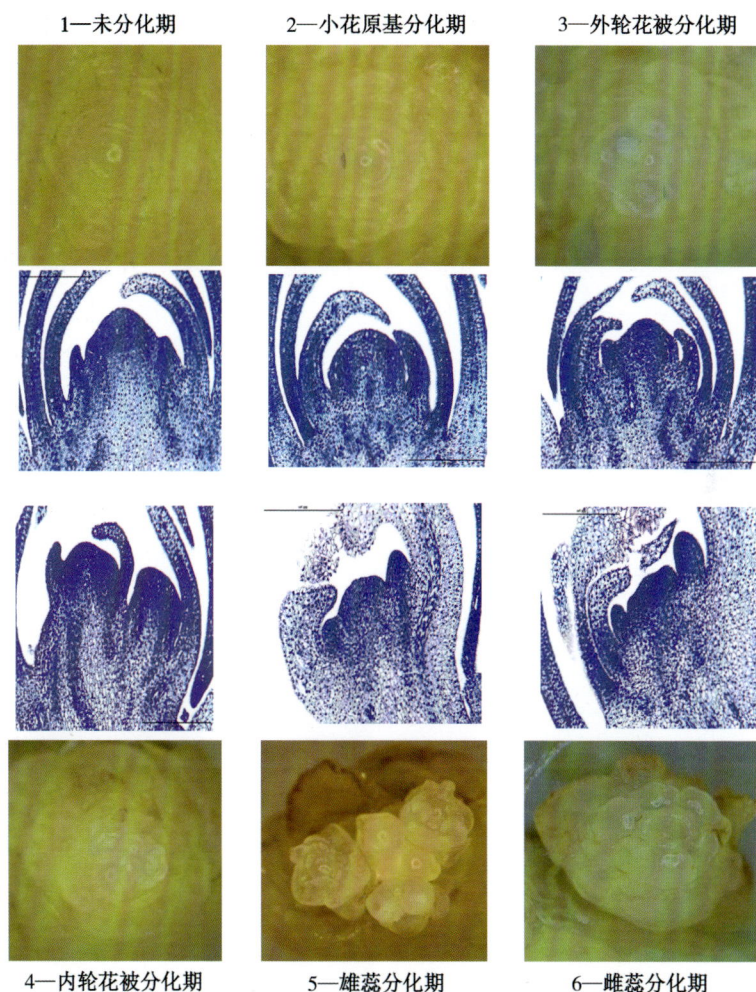

4—内轮花被分化期　　　5—雄蕊分化期　　　　6—雌蕊分化期

图 2-29　百合花芽分化阶段

（二）开花结果期

当百合性细胞成熟时，花萼和花冠立即开放。从花苞开裂到露出雄蕊和雌蕊的过程叫作开花。不同（品）种百合的开花时间差异较大，从现蕾到开花一般需 4~8 周，同品系不同品种间差异较小。温度对开花时间影响较大，不同温度处理能提前或延后 2 周。

开花进程可分为以下 6 个阶段，即绿蕾期、转色期、显色期、初花期、盛花期、衰败期。花蕾从转色期至显色期，通常需要 2~3 天；然后，花蕾外侧的花瓣开始张开，持续 1~2 天后，整个花蕾花瓣全部打开，即盛花期；3~5 天后，花瓣由鲜亮的颜色逐渐失去光泽，最后萎蔫。在不做任何保鲜处理的情况下，一朵花盛开 5~7 天后，花瓣逐渐凋谢、脱落。

百合自然花期多为 5—7 月，雄蕊和雌蕊同时成熟，受精后 10~15 天，子房开始膨大，进入果实生长期（图 2-30）。果实成熟期因百合种类和品种而异，早花品种需 60 天左右，中花品种需 80~90 天，极晚熟品种需 150 天左右。蒴果成熟期为 9—10 月，内含具翅膜种子，可随风传播。

膨大期 　　　　　　　　　　成熟期

图 2-30　百合果实发育

（三）鳞茎生长发育

百合鳞茎的生长发育大致可分为以下 7 个时期。

（1）子鳞茎形成期：百合植株开始萌芽，新的鳞茎已在母鳞茎的基盘上形成，但形体很小，一般每株形成1~4个。植株抽薹后，鳞茎外层老的鳞片仍然保持原状，新生的小鳞茎生长缓慢。

（2）鳞茎失重期：随着幼苗的生长，鳞茎外层鳞片养分转移到茎叶，外层鳞片出现纵棱沟皱缩，茎顶部显现花蕾时，鳞茎重量降至最低，外层鳞片多干枯萎缩。

（3）鳞茎补偿期：随着根系吸收营养物质及地上部分旺盛生长，合成大量碳水化合物运往鳞茎，使得新鳞茎开始增重，整个鳞茎恢复到发芽前的重量。

（4）鳞茎缓慢增重期：夏季天气较热，茎叶繁茂，由于此时为开花期，需要消耗大量营养，因此鳞茎增重缓慢。

（5）鳞茎迅速膨大期：茎叶生长达最大值后逐渐衰老，开始将营养物质转移到地下鳞茎，鳞茎迅速膨大。

（6）鳞茎充实期：百合茎叶开始枯萎，鳞茎膨大减缓，但重量还在增加。

（7）休眠期：百合开花后1~2个月，掘出已进入休眠的母鳞茎和子鳞茎；经过1~3个月的低温期，可以解除休眠，进而发芽。在休眠期间，鳞茎内发生各种物质变化。鳞茎休眠期的长短随百合品种的变化而异，一般最晚至第二年春萌芽。

不同杂种系百合的休眠期及休眠程度有差异。铁炮百合鳞茎在8月进入休眠，研究结果表明，高温是诱导铁炮百合进入休眠的主要因素。同时，铁炮百合休眠解除也需高温条件，未经充分高温处理，就不能正常生长和发芽。与铁炮百合相比，新铁炮百合休眠非常浅，7月前后是其休眠最深的阶段。

亚洲百合杂种系属冬季休眠类型，经过低温处理后，顶芽才能萌发生长。

东方百合杂种系和亚洲百合杂种系一样，为冬季休眠类型，但与亚洲百合杂种系相比，东方百合杂种系鳞茎成熟较晚，最早收获期也在 10 月下旬。

百合种类繁多，其原产地环境条件的差异，造成不同百合品种生长发育习性存在较大差别。

🍀 第三节　百合适宜生长的环境条件

根据起源地区的气候特点，野生百合多分布于山坡或稀疏树林下，喜温暖、湿润、半阴的环境条件。我国云南的山区，夏季冷凉，是世界百合资源最丰富的区域。有的百合种类只有在相对湿度很高的山区中才能生长良好，如川百合、绿花百合、宜昌百合等；还有一些百合在低纬度地区也能生长，如原产中国台湾的台湾百合和麝香百合，可在福建、广东等省栽种；四川的岷江百合适应性强，可在 30 ℃以上生长。但总的来说，百合耐寒力较强，耐热性较差。在现代百合栽培中，应根据当地的气候及土壤条件选择适应本地的栽培品种。

一、温度

温度是影响百合生长发育的重要环境因子，在一定程度上决定了其休眠、营养生长和生殖生长的进程。温度不仅是百合鳞茎发育和膨大、新鳞茎数目增加、同化物储存运输的基础，而且是影响小鳞茎糖分积累和呼吸作用的主要环境因子。温度对百合生长的影响主要体现在温度的高低、持续时间及周期性三方面。

百合生长发育对温度有一定的适应范围，生长期适宜温度是 15~25 ℃，5 ℃以下或者 30 ℃以上生长会受到影响，甚至停滞。当然，不同种类的百合及不同生长发育阶段对温度的要求也不一样。在幼苗期，温度应稍低些，平均气温在 12 ℃左右有利于根系发育，温度高于 15 ℃会影响茎生根生长。茎生根形成后可以逐渐提高温度，如亚洲百合适宜的白天温度为 20 ~ 25 ℃，适宜的夜晚温度为 10 ~ 15 ℃；东方百合适宜的白天温度为 20 ~ 25 ℃，夜晚温度需保持在 15 ℃以上；麝香百合适宜的白天温度为 25 ~ 28 ℃，但夜晚温度不能低于 18 ℃。

根据百合对温度的要求，可将其分为耐热和不耐热两类。原产北方和高海拔地区的百合一般不耐热，如东北的轮叶百合、云南山区的滇百合，它们在长江流域栽种到 6 月，未能开花就已枯死。原产南方的麝香百合可以在南方炎热地区生长，但穆鼎等观察到，在北京的平原地区也能露地越冬。

温度影响百合种子萌发、茎叶生长、花芽分化和开花进程及鳞茎的发育。适宜的环境温度及温差可以明显促进百合植株生长，对提高百合品质有重要作用。

（一）温度对百合萌芽的影响

1. 种子萌发

温度可以显著影响百合属植物种子的萌发速度和萌发率。通常认为，20 ℃恒温是百合种子萌发的适宜温度，温度过高或过低均会降低其萌芽率。以条叶百合为例，20 ℃时萌发率最高，7 天开始萌动，11 天时萌发率可达 95.0%，而且萌发整齐，萌发完全所需时间最短；随着温度的降低或增高其萌发率下降，萌发完全所需时间延长；在 25 ℃下，经 15 天种子霉烂达 4.0% ~ 8.0%；在 12 ℃低温下，种子需 18 天开始萌动，至 57 天萌发率仅 61.0%，而且萌发不整齐。

2. 鳞茎萌发

百合鳞茎从芽萌动到芽露出地表的过程称为萌发。百合适应性较强，鳞茎在地下越冬，多数百合鳞茎能耐-10 ℃低温，当地表以下 5 厘米处地温上升到 5 ℃时就可萌芽。一般情况下，萌发需要 2 周左右，如果低温处理不完全或生长在较低的温度下，萌发会延迟。不同百合（品）种鳞茎解除休眠所需低温条件不同，如亚洲百合杂种系需要 2~5 ℃低温处理 6~8 周，东方百合杂种系需要 2~4 ℃低温处理 8~12 周。一般情况下，低温处理时间增长，可提高发芽的整齐度，促进节间伸长，提早进行花芽分化。

（二）温度对花芽分化及开花的影响

适当的低温处理可以促进鳞茎萌发后的花芽分化进程和缩短开花时间。大多数百合在地上部分枯死后，鳞茎处于深度休眠状态，在收获后，需经一段时间低温处理才能继续生长和开花。秋季收获后的鳞茎未经过低温贮藏而直接置于 21 ℃或更高的环境中，大多不能正常开花。

大多数百合（品）种花芽分化适温为 15~20 ℃，在适宜温度范围内，温度越高，花芽分化越快，在接近分化温度下限的 10~13 ℃条件下，花芽分化缓慢。当出现连续 5 ℃以下低温、30 ℃以上高温或昼夜温差较大时，花蕾易出现裂萼现象。通常情况下，百合地上部分生长前期需要温度低一些，以促进生根；生长后期则需适当提高温度，以促进茎叶生长，提早开花。百合在超过 30 ℃的环境下生长容易产生盲花，长期在 25~30 ℃环境下生长容易落蕾，在适宜环境条件（15~20 ℃）下生长的百合开花率达到 80% 以上。亚洲百合杂种系生长后期的适宜温度为 16~22 ℃，东方百合杂种系生长后期的适宜温度为 18~25 ℃。

总之，温度是影响百合花芽形成到第一朵花开放时间的重要因素。在实际栽培中，应保证开花温度在 20 ℃以上，否则容易导致花朵败育或推迟花期。

（三）温度对鳞茎发育的影响

温度是影响小鳞茎糖分积累和呼吸作用的主要因子，气温和栽培基质的温度均能影响鳞茎的发育。有研究表明，昼夜温差较大，有利于百合营养积累和鳞茎发育。但也有研究认为，温度对小鳞茎的增重并无显著影响，而与低温处理的时间相关。

二、光照

野生百合主要生长于稀疏树林下和草丛中，原始的生态环境形成了百合既喜光又不耐过强光照的生态习性。由于百合种类繁多，生物学特性存在一定差别，不同生长阶段对光照要求也不尽相同。对于大多数百合种类，在幼苗期（顶芽出土至现蕾），光照强度以 1.2 万~2.5 万勒为好，成苗期光照强度以 3.0 万~3.5 万勒为宜；除夏季强光时应适当遮阴外，生长期间需要充足的光照，长日照条件可促进茎叶生长，并有利于后期鳞茎膨大。

光照为百合栽培技术中最重要的环境因子之一，光照强度、光质及光周期都能影响百合的生长发育。

（一）光照强度

百合喜光，但光照不宜过强，适当遮阴对其生长更为有利，以自然光照的 70%~80% 为宜。百合生长不同阶段对于光照的需要有所不同：生长前期需光照强度相对弱一些，在幼苗期适当遮阴可增加植株高度，同时叶烧现象明显降低；现蕾期如光照不足会影响花蕾发育，造成落蕾。亚洲百合杂种系对光照不足反应敏感，其次是麝香百合杂种系和东方百合杂种系。

不同种类百合对光照强度的适应有一定的最低限度，当光照强度过低时，叶片的同化量不足以补充植株的消耗量，从而造成地上茎长而细弱、株型散乱和花期推迟。因此，适当增加光照强度，有利于提高切花百合品质。

亚洲百合杂种系花蕾发育阶段需要较多的光照，完全黑暗的条件极易发生花蕾败育现象，光照量不足会发生花蕾脱落，一定范围内高光照强度可有效防止花芽败育。因此，在花期保证一定的光照强度，是生产优质百合鲜切花的必要条件。

（二）光照时间

百合属喜光植物，但不是典型的长日照植物。光照时间和光照强度对百合鳞茎内碳水化合物的积累有很大影响。在幼苗期，光照时间可影响植株的生长量，从发芽期开始增加光照时间，可延长光合作用的时间，积累更多的碳水化合物，使生长加快。但同时应注意，也有品种在长日照处理后易出现株型散乱、地上茎徒长的现象，因此需要对光照、温度、水肥进行合理的调控。此外，光照时间不但影响植株营养生长，而且会在一定程度上调节百合生殖生长的进程，主要表现为长日照可使花期提前。此外，光照对某些百合种子萌发可以起到促进作用，如有斑百合、川百合和毛百合；而且，长日照处理对种子萌发有明显的促进作用，可缩短种子萌发时间，提高种子萌发率。

（三）光质

在可见光范围内，对光合作用和植物生长最有效的为红光（640~660纳米），可满足百合生长的需要。采用红光和远红光交替照射，会影响鳞茎的萌发，对百合植株营养生长和鳞茎增重都会产生一定的影响。采用红蓝复合光处理，对百合植株光合作用和开花特性（蕾长、完全开放花朵直径、花朵数和花期）有明显的促进作用。

三、水分

百合喜湿润的环境，土壤缺水可造成叶片的萎蔫，如果不及时补充水分，这种萎蔫将变成不可逆的伤害。除根系周围水分外，空气湿度也是很重要的方面，适合百合生长的空气相对湿度为60%~85%。当空气相对湿度较低、空气流动量大时，根系吸水的速度小于地上部的蒸腾速度，会出现根系水分代谢失调，尤其是当根际温度低时，这种现象更为明显。此外，在高温或强光条件下，百合容易产生叶烧病（图2-31）。此病一般发生在节间伸长最旺盛的时期，尤其在植株茎生根尚未充分发育的情况下，如果展叶过早的话，叶片表皮下层的栅栏组织未发育成熟，会出现蒸腾和植株吸水速率失调的问题。因此，可通过降低气温和光照强度，适当增加空气相对湿度来抑制叶烧病的发生。如果现蕾期空气相对湿度长时间过低，往往会造成花蕾顶部干枯，使开花持续时间缩短。但植株若长期处于高于85%的湿度环境下，就会抑制植株的蒸腾作用，影响正常生长，同时容易产生软腐病和炭疽病等。

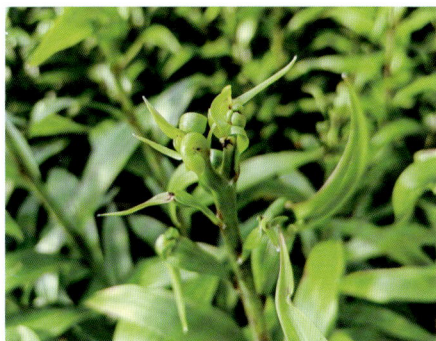

图 2-31 百合叶烧病

百合怕涝，栽培过程中忌水淹，即使需要空气湿度很高的百合种类，若土壤过于潮湿、积水或排水不畅，都会使鳞茎腐烂。百合生长发育前期需水较多，开花期应适当减少水分供应。亚洲百合杂种系对土壤水分缺乏更为敏感。

四、空气

（一）乙烯

百合对乙烯的敏感度因品种而异，一般亚洲百合杂种系对乙烯最为敏感，麝香百合杂种系和东方百合杂种系对乙烯反应较弱。相关研究表明，在百合花蕾发育的特定阶段，即花蕾长为2.0~3.5厘米时，花蕾产生的乙烯量达到最高，此阶段是花粉母细胞减数分裂结束期，此时花蕾对乙烯最为敏感，容易产生花蕾败育现象。

（二）氧气

一般情况下，大气中的氧气含量足以满足植物呼吸作用的需要。但有时土壤通气不良，二氧化碳（CO_2）大量聚积而造成根际缺氧，使根系有氧呼吸受阻，同时嫌气性细菌及其产生的乙醇等发酵产物毒害根系。因此，保持土壤疏松，有利于百合根系的正常发育。

五、土壤

野生百合生长的自然环境中通常有一层厚厚的枯枝落叶，腐烂后形成了有机质丰富的腐叶土，不但土壤疏松，而且土质偏酸性。因此，含有丰富有机质的微酸性土壤为百合适宜生长的环境。

一般情况下，百合可以在大多数类型的土壤中生长，但以肥沃、有机质含量高、保水性和排水性良好、微酸性的沙壤土为宜。土壤的疏松程度可用土壤容重来表示。容重高的土壤通常意味着过于黏重，不利于鳞茎膨大，而且通气性差，使土壤中有益微生物活动受到限制，很多有机养分不能很好地分解，使百合的营养供应受到影响。此外，黏重土壤透水性差，易引起百合根部腐烂。目前，许多百合种植者采用箱式栽培（图2-32），以草炭或者草炭中加入珍珠岩作为基质，可以优化土壤的团粒结构，从而提高土壤的通气性，利于百合的生长发育。

六、养分

植物吸收量较多的营养元素是氮（N）、磷（P）、钾（K），

图 2-32 百合箱式栽培

切花类百合对氮、钾的需求量较多，磷相对较少。不同营养元素对切花百合生长起着不同的作用：缺氮显著降低百合叶片叶绿素含量，缺磷影响茎秆高度和叶片颜色，缺钾易导致茎秆偏软。切花百合生长前期对养分的需求量相对较少，定植后 3 周内基本不用施肥，此时种球内的营养足以供其生长。春季百合出土后，茎叶生长迅速，因此，这一阶段应保证有充分的氮素供应，否则会影响植株营养生长和开花质量；后期以氮、磷、钾混合追施，孕蕾期适当补充磷、钾肥，采花时可施一次氮、钾肥，以利于种球发育。微量元素也对百合生长起重要作用。例如，缺硼（B）时，会抑制根系伸长、叶片展开，影响百合受精进程中花粉管的萌发，造成"花而不实"现象；缺铁时，会造成叶片颜色发黄，影响叶片光合作用的正常进行；缺钙时，会导致叶烧、花蕾脱落、根系生长受阻。

第三章　百合分类与常见品种

❀ 第一节　百合属植物系统分类

《中国植物志》（1980 年版）按照形态分类学将中国产百合属植物分为以下 4 组。

一、百合组（Sect. *Lilium*）

叶散生，花喇叭形，花被片先端外弯，雄蕊向上弯，包括野百合、龙牙百合、岷江百合、台湾百合等。

二、钟花组（Sect. *Lophophorum*）

叶散生，极少轮生，花钟形，花被片先端不弯或稍弯，雄蕊向中心靠拢，包括尖被百合、线叶百合、小百合、渥丹、有斑百合、毛百合等。

三、卷瓣组（Sect. *Sinomartagon*）

叶散生，花朵下垂，花被片向外反卷，雄蕊上端常向外张开，包括紫斑百合、卓巴百合、大理百合、垂花百合、卷丹、条叶百合、朝鲜百合等。

四、轮叶组（Sect. *Martagon*）

叶轮生，花朵向上或下垂，花被片反卷或不反卷，有斑点，包括青岛百合、东北百合、欧洲百合和新疆百合。

❀ 第二节　商用百合品种分类

一、按照产地和亲缘关系分类

目前，生产中应用较多的栽培品种大多是由不同百合原生种经过多年多代反复杂交得到的，亲缘关系极其复杂。英国皇家园艺学会（RHS）和北美百合学会（NALS）根据百合不同栽培品种与其原始亲缘种或杂种的遗传衍生关系、花色、花形姿态特征，将现代百合栽培品种分为9类，此分类为大家广泛接受。

（一）东方百合杂种系（Oriental Hybrids）

东方百合杂种系由起源于中国的湖北百合及起源于日本的天香百合、鹿子百合（*Lilium speciosum* var. *gloriosoides* Baker）、日本百合、红花百合（*Lilium rubellum* Baker）等多年多代杂交选育而成。该杂种系主要亲本来自东方，故称为东方百合杂种系，具有花大、花色艳丽、香气宜人等特点；抗寒性差，多用于设施内鲜切花生产。

（二）亚洲百合杂种系（Asiatic Hybrids）

亚洲百合杂种系又称朝天百合，由起源于卷丹、渥丹、毛百合等百合原种及其杂交种杂交选育而成。该杂种系亲本主要来自亚洲，故称为亚洲百合杂种系。该杂种系花色丰富，花朵较小，无香味；适应性强，管理相对简单粗放，耐碱性土壤，抗寒性强。

（三）铁炮百合杂种系（Longiflorum Hybrids）

铁炮百合杂种系又称铁炮百合、麝香百合，是原产中国台湾的台湾百合与麝香百合杂交衍生出的百合杂种系。该杂种系花喇叭形，花香浓郁，栽培简单，可以通过种子大规模商业繁殖。

（四）喇叭百合杂种系（Trumpet Hybrids）

喇叭百合杂种系包括通江百合与湖北百合杂交育成的奥瑞莲杂种系，以及岷江百合与通江百合杂交育成的帝王杂种系（Imperial Hybrids）。该杂种系花朵筒长可达 20 厘米。

（五）欧洲百合杂种系（Martagon Hybrids）

欧洲百合杂种系由欧洲百合和汉森百合杂交而成，特点是叶轮生，花朵下垂，花被片向外反卷。

（六）纯白百合杂种系（Candidum Hybrids）

纯白百合杂种系的原始亲本有白花百合、加尔亚顿百合（*Lilium chalcedonicum* L.）及其杂种或品种和其他有关欧洲种衍生的品种，特征是叶散生，花朵下垂，花被片向外反卷。

（七）美洲百合杂种系（American Hybrids）

美洲百合的杂种或品种。该杂种系的特征是叶散生，花朵下垂反卷，花序上面花朵呈金字塔形排列。

（八）其他杂种系（Miscellaneus Hybrids）

其他杂种系包括所有上述未提及的百合类型。

（九）百合原生种（Lily Species）

百合原生种包括所有百合原生种及其植物学分类上的类型。

二、按照用途分类

按照百合的用途，可分为观赏百合和食药用百合两类。其中，观赏百合又分为切花百合、盆栽百合、庭院百合三类。

（一）观赏百合

1. 切花百合

切花百合是观赏百合中适合做鲜切花的百合栽培品种，主要表现为植株高大，花序紧凑，花头朝上或垂直于茎秆，花朵大，茎秆吸水能力强，瓶插期长，耐运输，通过保护地栽培和不同茬口安排可实现周年供应。目前，国内外市场上比较流行的切花百合主要有东方百合（OO）杂种系、OT百合杂种系、亚洲百合（AA）杂种系、LA百合杂种系、铁炮百合（LL）等（图3-1）。

东方百合（OO）杂种系 　　　OT百合杂种系 　　　亚洲百合（AA）杂种系

LA百合杂种系 　　　铁炮百合（LL）

图3-1　切花百合品种

2. 盆栽百合

盆栽百合（图3-2）以东方百合杂种系、OT百合杂种系和亚洲百合杂种系中的早花或矮化品种为主，主要表现为生长周期

短、株型矮化紧凑、一致性强，容易包装运输。盆栽百合具有移动灵活、摆放方便、应用场景广泛等优点，其作为年宵花销售，在我国也有较大需求潜力。

图 3-2　盆栽百合品种

3. 庭院百合

庭院百合（图 3-3）是一类适合地栽或盆栽，能在庭院和园林绿地中应用的百合类别，宜片植于疏林、草地或布置成花境、花丛等，是城市园林花卉材料。其特点是植株健壮、花形奇特、花色丰富、花朵繁茂、花期长，养护管理简单，抗逆性强，能自然越冬。庭院百合一茬栽植，可多年观赏，管理成本较低，养护过程简单，符合现代节约型园林发展要求。

图 3-3　庭院百合品种

（二）食药用百合

目前，我国食药用百合形成规模化生产的主要有兰州百合、宜兴百合（卷丹）、龙牙百合（图3-4）。

兰州百合　　　　　　卷丹　　　　　　龙牙百合

图3-4　主要食药用百合品种

🍀 第三节　鲜切花百合主要种类及常见品种

适合做鲜切花的百合栽培品种主要特点如下：茎秆较长；瓶插寿命比较长；花朵较大，姿态优雅、美丽大方；有的具有浓郁香味；通过保护地栽培和花期调控技术，能实现周年供应。目前，国内外市场上流行的鲜切花百合主要有东方百合杂种系、OT百合杂种系、LA百合杂种系、亚洲百合杂种系、铁炮百合等。

一、东方百合杂种系（Oriental Hybrids）及常见品种

东方百合杂种系的特征如下：株高60～130厘米；叶互生；花蕾多数直立向上，花苞大小中等，长8.5～15.0厘米；花色丰富，有白色、粉色、黄色、红色、复色等，香气宜人，盛开时花

朵直径 15～25 厘米，花形常为碗形或星形，花被片反卷或波浪形；种植至开花生长周期 80～130 天，自然花期 6—8 月。常见东方百合切花品种及特性见表 3-1。生长期对温度要求较高，前期白天 20 ℃左右，夜间 15 ℃。夏季生产需遮光 60%～70%；冬季设施栽培对光照敏感度较低，但对温度要求较高，特别是夜温，抗寒性弱。其切花售价和种球价格都较高，代表性品种有'西伯利亚''索邦''薇薇安娜'等，部分品种照片见图 3-5。

（一）'西伯利亚'（Siberia）

株高 100～110 厘米，茎秆硬度中等。叶披针形，横生或下垂。花蕾大而饱满，长 12～14 厘米，花梗与垂直方向角度为 60～70 度。花碗形，完全开放时花被片向外翻卷，边缘浅波状，花色洁白，完全开放时花朵直径约 20 厘米，花香浓郁。种植至开花生长周期 110～120 天，花头朝上，易于包装运输。该品种是优秀的切花品种。

（二）'索邦'（Sorbonne）

株高 110～120 厘米，茎秆硬度大。叶披针形，长 12～13 厘米，宽 3.0～3.5 厘米。花蕾长 12～13 厘米，蕾形饱满，花梗与垂直方向角度为 75～85 度。花碗形，粉红色，边缘具白色窄边，花被片平展略向外翻卷，红色乳突分布于花被片中部以下，完全开放时花朵直径 18～20 厘米，花香浓郁。种植至开花生长周期 100～110 天，花头朝上，易于包装运输。'索邦'是粉百合中的佼佼者，在市场上一直很受欢迎。

（三）'薇薇安娜'（Viviana）

株高 100～110 厘米。叶披针形，向上伸展。花蕾长 14～15 厘米，蕾形饱满，花梗与垂直方向角度为 70～80 度。花碗形，

表3-1 常见东方百合杂种系品种及特性

中文名	英文名	花色	株高/厘米	生长期/天	不同规格种球花苞数				
					12/14	14/16	16/18	18/20	20+
素邦	Sorbonne	粉红	110~120	100~110	1~3	2~5	3~6	4~7	7+
西伯利亚	Siberia	白	100~110	110~120	1~3	2~5	4~7	6~9	8~12
马龙	Marlon	粉	110~120	90~100	1~2	2~3	3~5	5~7	
巴卡迪	Bacardi	玫红	115~125	115~125	1~2	2~3	3~4	4~5	5~6
阿克迪瓦	Aktiva	粉	110~120	90~100	2~3	3~4	4~6	6+	
科瓦娜	Corvara	玫红	120~130	100~110	3~4	4~5	6~8	7+	
特红	Tarrango	玫红	120~130	100~110	2~3	3~4	4~6	4~7	5~8
边线	The Edge	白色粉边	120~130	100~110	2~5	4~7	6~9	8~10	10+
泰伯	Tiber	粉	100~110	100~110	2~3	2~4	3~5	4~7	5~8
薇薇安娜	Viviana	粉红	100~110	95~105	1~2	2~4	3~4	4~5	5~6
黑珍珠	Petrolia	深红	110~120	100~110	1~3	2~4	3~5	4~6	5~7

注：表中数据在适宜生长环境条件下取得，仅供参考。实际生产中，因温度、光照等环境条件不同，数据会产生较大变化。

'索邦'    '西伯利亚'    '特红'

'薇薇安娜'    '马龙'    '科瓦娜'

'黑珍珠'    '边线'    '巴卡迪'

图 3-5 东方百合切花品种

粉红色，无斑点，内外花被片平展略向外翻卷，完全开放时花朵直径 18~20 厘米，花清香。种植至开花生长周期 95~105 天，花头朝上，易于包装运输。

（四）'马龙'（Marlon）

株高 110~120 厘米。叶卵圆形，向上伸展。花蕾长 12~14 厘米，蕾形饱满，花梗与垂直方向角度为 50～60 度。花碗形，粉色，花芯基部浅绿色，花被片中部以下有红色乳突，内外花被片平展或略向外翻卷，完全开放时花朵直径 17～19 厘米，花清香。种植至开花生长周期 90～100 天。该品种花色与'索邦'花色很相似，近年来在市场上种植数量逐渐减少。

（五）'黑珍珠'（Petrolia）

株高 110～120 厘米。叶披针形。花蕾长 15～16 厘米，蕾形饱满，花梗与垂直方向角度为 45～50 度。花碗形，深红色，花芯基部黄绿色，内外花被片平展或略向外翻卷，完全开放时花朵直径 19～21 厘米，花清香。种植至开花生长周期 100～110 天。该品种抗病性强，是市场上为数不多的黑红色切花品种。

二、重瓣百合系列及常见品种

近些年，重瓣百合引进量日益增多，已发展成为流行品种。其花瓣数多，雄蕊大多退化，无花粉，色彩丰富，香味浓郁，包含东方百合杂种系、OT 百合杂种系等，代表性品种有'阿诺斯卡（冰美人）''双重惊喜''滑雪板''伊琳娜''白色眼睛'等。部分品种及特性及图片见表 3-2 和图 3-6。

（一）'阿诺斯卡'（Anouska）

株高 100～110 厘米，茎秆硬。叶披针形。花蕾饱满，长 11～14 厘米。花重瓣，浅粉色，花被片边缘颜色略深，完全开放时花朵直径 16～18 厘米，香味清新。种植至开花生长周期 110～120 天。自从 2018 年进入市场后，该品种深受消费者喜爱，也称为'冰美人'。

（二）'异国阳光'（Exotic Sun）

株高 90～100 厘米。叶披针形。花蕾饱满，长 10～13 厘米，花梗与垂直方向角度为 50～60 度。花重瓣，鲜黄色，完全开放

表3-2　常见进口重瓣百合品种及特性

中文名	英文名	花色	株高/厘米	生长期/天	不同规格种球花苞数						
					12/14	14/16	16/18	18/20	20+		
阿诺斯卡	Anouska	浅粉红	100~110	110~120	2~4	3~5	4~6	5~7			
双重惊喜	Double Surprise	粉	70~80	90~100	1~3	3~4	3~5	5~8	5~7		
滑雪板	Snowboard	白	90~100	100~110		2~4	3~5	4~6			
异国阳光	Exotic Sun	黄	90~100	110~120	1~3	2~4	3~5	4~6			
白色眼睛	White Eye	白	110~120	110~120	1~2	2~3	3~5	3~6	4~7		
伊琳娜	Elena	粉	100~110	110~120	1~2	2~3	3~5	6~8			
霞多丽	Chardonnay	白	100~110	110~120	1~2	2~3	3~5	5~6			
路德维娜	Ludwinna	黄色白边	90~100	100~110	1~2	2~3	3~5	5~6			
萨曼塔	Samantha	红色白边	110~120	110~120	1~2	2~3	3~5	5~6			

注：表中数据在适宜生长环境条件下取得，仅供参考。实际生产中，因温度、光照等环境条件不同，数据会产生较大变化。

'阿诺斯卡'　　　　'异国阳光'　　　　'伊琳娜'

'白色眼睛'　　　　'双重惊喜'　　　　'滑雪板'

'路德维娜'　　　　'霞多丽'　　　　'萨曼塔'

图 3-6　进口重瓣百合切花品种

时花朵直径 15~17 厘米，香味清新。种植至开花生长周期 110~120 天，对光照要求较高。

（三）'滑雪板'（Snowboard）

株高 90~100 厘米。叶片长卵圆形。花蕾饱满，长 10~13 厘米，花梗与垂直方向角度为 50~80 度。花重瓣，白色，完全开放时花朵直径 16~17 厘米，花被片芯部有少量浅紫色乳突，部分花有雌蕊，花被片边缘微反卷，香味清淡。种植至开花生长周期 100~110 天，对光照要求较高。该品种近年来在市场上比较受欢迎。

（四）'双重惊喜'（Double Surprise）

株高 70~80 厘米，茎秆硬，有茎棱。叶椭圆形，长约 10.5 厘米，宽约 4.5 厘米，叶面无光泽。花蕾卵状椭圆形，长 6~8 厘米，花梗与垂直方向角度为 60~90 度，花头向外平伸。花粉色，花被片平展，边缘微波浪状，完全开放时花朵直径 11~13 厘米，香味清淡。种植至开花生长周期 90~100 天。

（五）'伊琳娜'（Elena）

株高 100~110 厘米，茎秆硬，有茎棱。叶披针形，长约 12.0 厘米，宽约 3.5 厘米。花蕾卵状椭圆形，长 6~8 厘米。花梗与垂直方向角度为 60~90 度。花粉色，花头直立，完全开放时花朵直径 12~14 厘米，花被片平展，边缘微波浪状，香味清淡。种植至开花生长周期 110~120 天。

（六）'路德维娜'（Ludwinna）

株高 90~100 厘米，茎秆较硬。叶披针形，长约 13 厘米，宽约 3 厘米。花蕾卵状椭圆形，长 7~8 厘米，花梗与垂直方向角度为 60~90 度，花头直立。花黄色白边，有香味，完全开放时花朵直径 13~15 厘米，花被片平展，边缘微波浪状。种植至开花生长周期 100~110 天。'路德维娜'是目前市场上很受欢迎的黄色重瓣品种。

（七）'霞多丽'（Chardonnay）

株高 100~110 厘米，茎秆较硬。叶披针形。花蕾长椭圆形，长 6~8 厘米，花梗与垂直方向角度为 60~90 度。花头直立，花白色，有香味，花被片平展边缘微波浪状，完全开放时花朵直径 13~14 厘米。种植至开花生长周期 110~120 天。

三、OT百合杂种系（OT Hybrids）及常见品种

OT百合杂种系由东方百合杂种系和喇叭百合杂种系为亲本杂交选育而成，具香味，抗性好，管理简单。在中国，OT百合杂种系种植面积不断增加，代表性品种有'木门''科科瓦多''罗宾娜''赞比西''竞争''大连'等。部分品种特性及照片见表3-3和图3-7。

（一）'罗宾娜'（Robina）

株高110~120厘米，茎秆硬度大。叶披针形。花蕾大而饱满，长15~16厘米。花玫粉色。种植至开花生长周期110~120天。花头朝上，易于包装运输。该品种抗性较强，花色喜庆，是优良的切花品种，但近些年市场份额逐步减少。

（二）'木门'（Conca d'Or）

株高90~105厘米，茎秆硬度大。叶披针形，质地厚。花蕾大而饱满，长13~15厘米，花梗与垂直方向角度为80~90度。花鲜黄色，香气浓郁。种植至开花生长周期100~110天。该品种抗性较强，容易种植，是市场较认可的黄色切花品种。不足之处是在气温高的情况下会"弯头"，花头朝外，不利于包装运输。

（三）'曼尼萨'（Manissa）

株高120~130厘米，茎秆硬度大。叶披针形，质地厚。花蕾大而饱满，长14~15厘米，花梗与垂直方向角度为50~60度。花鲜黄色。种植至开花生长周期100~120天。该品种抗性较强，是优秀的切花品种。

（四）'圆舞曲'（Table Dance）

株高100~110厘米，茎秆直立。叶披针形。花蕾大而饱满，长15~17厘米，花梗与垂直方向角度为60~70度。花粉色，无斑点，花被片外缘微反卷，完全开放时花朵直径20~23厘米，香气浓郁。种植至开花生长周期90~100天。该品种抗病性强，是市场流行的切花品种。

表3-3 常见 OT 百合杂种系品种及特性

中文名	英文名	花色	株高/厘米	生长期/天	不同规格种球花苞数				
					12/14	14/16	16/18	18/20	20+
木门	Conca d'Or	黄	95~105	100~110	1~2	1~3	2~4	3~5	4+
科科瓦多	Corcovado	黄	120~130	90~100	1~2	2~3	3~4	4~5	5~6
罗宾娜	Robina	玫粉	110~120	110~120	1	1~2	1~3	2~4	3~6
赞比西	Zambesi	白	110~120	90~100	1~3	2~4	4~5	5~6	6+
竞争	Competition	粉	100~110	90~100	1~3	2~3	3~4	4~6	
大连	Dalian	粉	110~120	95~105	1~3	2~4	3~5	4~6	5~7
糖果俱乐部	Candy Club	红黄双色	90~100	90~100	2~3	3~5	4~6	5~7	6~9
红福	Redford	玫红	110~120	90~100		3~5	4~6	5~7	6~8
采儿米拉	Zelmira	鲑鱼色	110~120	80~90	1~3	2~4	3~5	4~6	5~7
特鲁迪	Trudy	粉	90~100	100~110	1~3	2~4	3~5	4~6	4~7
圆舞曲	Table Dance	粉	100~110	90~100	2~4	3~5	4~6	5~7	6+

注：表中数据在适宜生长环境条件下取得，仅供参考。实际生产中，因温度、光照等环境条件不同，数据会产生较大变化。

'木门'

'红福'

'圆舞曲'

'竞争'

'糖果俱乐部'

'罗宾娜'

'科科瓦多'

'赞比西'

'采儿米拉'

图 3-7　OT 百合杂种系切花品种

（五）'竞争'（Competition）

株高 100~110 厘米，茎秆较硬。叶披针形。花梗与垂直方向角度为 80~90 度。花蕾大而饱满，长 13~15 厘米。花粉色，无斑点，花被片外缘微反卷，完全开放时花朵直径 18~20 厘米，味道清香。种植至开花生长周期 90~100 天。该品种抗病性强，是目前市场主流的切花品种。

（六）'科科瓦多'（Corcovado）

株高 120~130 厘米，茎秆硬。叶细披针形。花蕾饱满，长 13~15 厘米，花梗与垂直方向角度为 75~90 度。花杏黄色，无斑点，花被片外缘微反卷，完全开放时花朵直径 18~20 厘米，香味浓郁。种植至开花生长周期 90~100 天。该品种是市场主流的切花品种，但抗病毒性差，生产中须防止病毒传播。

（七）'赞比西'（Zambesi）

株高 110~120 厘米。叶披针形。花蕾饱满，长 15~18 厘米，花梗与垂直方向角度为 75~90 度。花纯白色，无斑点，花被片外缘微反卷，完全开放时花朵直径 20~22 厘米，香味浓郁。种植至开花生长周期 90~100 天。该品种抗病毒性较差，须严格控制病毒传播。

（八）'糖果俱乐部'（Candy Club）

株高 90~100 厘米，茎秆硬。叶椭圆形，长约 14 厘米，宽约 4 厘米，叶面有光泽。花蕾长椭圆形，长 11~13 厘米。花梗与垂直方向角度为 60~90 度，花头平伸。花星形，主色红色，边缘黄色，花被片平展尖端翻卷，完全开放时花朵直径 19~21 厘米，香味很淡。种植至开花生长周期 90~100 天。

四、LA 百合杂种系（LA Hybrids）及常见品种

LA 百合杂种系由铁炮百合杂种系和亚洲百合杂种系为亲本杂交选育而成，其长势旺盛，抗病性强，花色花形与亚洲百合相似，代表性品种有'耀眼''阿曼达''红芯''眼线''布林迪西''正直'等。部分品种特性及照片见表 3-4 和图 3-8。

表 3-4　常见 LA 百合杂种系品种及特性

中文名	英文名	花色	株高/厘米	生长期/天	不同规格种球花苞数				
					12/14	14/16	16/18	18/20	20+
耀眼	Ceb Dazzle	黄	80~100	90~100	4~7	6~8	7~9	8+	
阿曼达达	Armandale	红	100~120	70~80	3~4	4~6	5~8	6~9	7+
亮钻	Bright Diamond	白	140~150	90~100	3~4	4~5	5~6	5~7	
红芯	Fangio	粉	120~130	80~90	2~4	3~5	4~6	5~7	6~8
眼线	Eye line	白	120~130	90~100	2~4	3~5	4~6	5~7	
布林迪西	Brindisi	粉	80~90	80~90	2~3	2~4	3~5	4~6	5~7
正直	Honesty	橙	110~120	70~80	3~4	4~5	5~6	6~7	7~9
帕维亚	Pavia	黄	130~140	90~100	4~6	5~7	6	8	7~9
黄刷	Yellow Brush	黄	105~115	80~90	3~5	4~6	5~7	6+	
兰蒂尼	Landini	红	90~100	90~100	3~4	4~5	5~6	6+	
纳什维尔	Nashville	黄	90~100	90~100	3~4	4~5	5~6	6+	

注：表中数据在适宜生长环境条件下取得，仅供参考。实际生产中，因温度、光照等环境条件不同，数据会产生较大变化。

‘耀眼’ ‘阿曼达’ ‘布林迪西’

‘童年’ ‘红芯’ ‘眼线’

‘正直’ ‘帕维亚’ ‘黄刷’

图 3-8　LA 百合杂种系切花品种

（一）耀眼（Ceb Dazzle）

株高 80~100 厘米，茎秆较硬。花蕾中等大小，花梗与垂直方向角度为 50~60 度。花亮黄色，有少量紫黑色斑点。种植至开花生长周期 90~100 天。该品种抗病性强，对迟眼蕈蚊幼虫抗性较强。无叶烧现象。

（二）'兰蒂尼'（Landini）

株高 90~100 厘米，茎秆硬，有茎棱。叶披针形，长约 14.0 厘米，宽约 1.9 厘米，叶面有光泽。花蕾卵状椭圆形，长 7~9 厘米。花梗与垂直方向角度为 30~60 度，花头直立向上。花深红色，星形，花被片平展，无香味，完全开放时花朵直径 11~13 厘米。种植至开花生长周期 90~100 天。

（三）'纳什维尔'（Nashville）

株高 90~100 厘米，茎秆硬，有茎棱。叶披针形，长约 16.8 厘米，宽约 2.4 厘米，叶面有光泽。花蕾卵状椭圆形，长 10~11 厘米，花梗与垂直方向角度为 60~90 度，花头直立向上。花鲜黄色，花被片平展，完全开放时花朵直径 12~14 厘米，无香味。种植至开花生长周期 90~100 天。

五、亚洲百合杂种系（Asiatic Hybrids）及常见品种

亚洲百合杂种系的主要性状如下：株高 40~130 厘米；叶互生，狭长条形或披针形，贴生于茎上，无叶柄。花蕾长 5.5~12.5 厘米，伸展方向有向上、向外和下垂等类型。花色丰富，有黄色、橘黄色、白色、粉色、红色、双色、紫色等。花形有钟形、卷瓣形、碗形等，完全开放时花朵直径 10.0~12.5 厘米，无香味。种植至开花生长周期 70~110 天，自然花期 6—7 月。该杂种系适应性强，耐碱性土壤，生产管理相对粗放，部分品种对尖孢镰刀菌（*Fusarium oxysporum*）、百合斑驳病毒具有抗性。种球便宜，市场售价较低。该杂种系百合对弱光敏感性很强，冬季设施栽培需增加光照，以利开花。其代表性品种有'穿梭''永远的琳达''杏仁软糖''秘密之吻''红双喜'等。部分品种特性及图片见表 3-5 和图 3-9。

表 3-5 常见亚洲百合杂种系品种及特性

中文名	英文名	花色	株高/厘米	生长期/天	不同规格种球种花苞数				
					10/12	12/14	14/16	16/18	18/20
穿梭	Tresor	橙红	100~110	80~90	2~4	3~6	5~7	6~9	7~10
普瑞头	Prato	橙	100~110	80~90	2~4	4~6	5~7	7+	8+
白天使	Navona	白	100~110	80~90	3~5	4~7	6~9	6+	7+
永远的琳达	Forever Linda	红黄双色	80~90	80~90		2~4	3~5	4~6	5~7
棒棒糖	Lollypop	粉白双色	70~80	70~80	1~3	2~4	3~5	4+	5+
杏仁软糖	Apricot Fudge	橙	100~110	90~100		3~4	4~5	5~6	6+
秘密之吻	Secret Kiss	紫黑	110~120	90~100		4~6	5~7	6~8	8+
红双喜	Red Twin	红	100~110	70~80		3~5	4~6	5~7	6+
瓦底索	Valdisole	黄	80~90	80~90	2~4	3~5	5~7	6+	7+
布鲁拉诺	Brunello	橘红	80~90	80~90	3~6	5~7	6~8	8+	9+

注：表中数据在适宜生长环境条件下取得，仅供参考。实际生产中，因温度、光照等环境条件不同，数据会产生较大变化。

'穿梭'   '永远的琳达'   '杏仁软糖'

'普瑞头'   '秘密之吻'   '红双喜'

'棒棒糖'   '瓦底索'   '白天使'

图 3-9　亚洲百合杂种系切花品种

（一）'红双喜'（Red Twin）

株高 100~110 厘米，茎秆硬度适中，有茎棱。叶披针形，长约 10.2 厘米，宽约 2.2 厘米，叶面有光泽。花蕾卵状椭圆形，长

10~11厘米，花梗与垂直方向成60~90度，花头直立向上。花红色，雄蕊退化，无花粉，花瓣平展无翻卷，完全开放时花朵直径12~15厘米。种植至开花生长周期70~80天。

（二）'永远的琳达'（Forever Linda）

株高80~90厘米，茎秆较软，有茎棱。叶披针形，长约6.5厘米，宽约1.5厘米，叶面有光泽。花蕾卵状椭圆形，长8~9厘米，花梗与垂直方向成60~90度，花头直立向上。花红黄双色，花被片平展无翻卷，内花被片有少量斑点，完全开放时花朵直径15~17厘米，无香味。种植至开花生长周期80~90天。

（三）'布鲁拉诺'（Brunello）

株高80~90厘米，茎秆粗，硬度大。叶披针形，深绿色，具光泽。花蕾长8.5~11.0厘米。花星形，橘红色，无斑点或斑块，花被片较厚，略反卷。种植至开花生长周期80~90天。花头朝上，易于包装运输。该品种对光照不敏感，对灰霉病有较强抗性。

（四）'穿梭'（Tresor）

株高100~110厘米，茎秆硬。叶片细披针形，绿色。花头向上，橙红色，花被片靠近芯部有少量紫黑色斑点，完全开放时花朵直径12~14厘米。种植至开花生长周期80~90天。该品种抗逆性较强。

（五）'杏仁软糖'（Apricot Fudge）

株高100~110厘米，茎秆硬。玫瑰花形，橙黄色，柱头伸出花被片外。种植至开花生长周期90~100天。该品种花形别致，深受部分消费群体喜爱。

六、铁炮百合杂种系（Longiflorum Hybrids）及常见品种

铁炮百合杂种系的主要性状如下：鳞茎球形或近球形，直径2.5~5.0厘米。株高70~140厘米，有的可达200厘米。叶互生，狭长条，披针形或矩圆状披针形。花蕾长12~18厘米，伸展方向为微下垂、横生、斜上到直立。花单生或2~5朵，喇叭形，白色，筒外略带绿色，有花香。种植至开花生长周期90~120天，花期6—7月。铁炮百合对光照敏感，北方冬季设施栽培应增加光照。铁炮百合所需冷处理的时间较短，较易感染病毒。代表性品种有'新铁炮''白天堂''仰望'等（图3-10）。

'白天堂' 　　　　　　　'新铁炮'

图3-10　铁炮百合杂种系切花品种

（一）'新铁炮百合'

'新铁炮百合'是麝香百合与台湾百合的杂交种。植株高大，100~180厘米，冬季保护地种植可达200厘米，茎秆硬度高。叶形从长披针形到卵形，叶色灰绿到深绿。花蕾饱满粗壮，外观好，长13~16厘米，直立或横向。花喇叭形，开口不大。该品种具有

一定的耐热性，是优良的切花品种。

（二）'白天堂'（White Heaven）

株高 130~140 厘米，茎秆硬。叶片狭长，深绿色，略下垂。花蕾长 14~16 厘米，单花直立，多花花序开展，花蕾横向生长，饱满粗壮，外观好。花喇叭形，开口大，白色。种植至开花生长周期 90~100 天。抗热性较差，是优良的切花品种。该品种繁殖较容易，用母球鳞片自繁籽球，繁殖系数大，易成球。

🍀 第四节　自主知识产权百合新品种

辽宁省农业科学院花卉研究所从 2006 年开始百合新品种选育研究，共选育切花、庭院、盆栽、食药用多种功能用途的新品种 26 个，已经在生产中推广应用。

一、'侠客'（Swordsman）

'侠客'（图 3-11）是以 LA 百合品种'帕索里尼'为母本、亚洲百合品种'布鲁拉诺'为父本杂交选育得到的。裸地栽培平均株高约 60 厘米；花红色，花被片 6 枚，长约 8.5 厘米，最宽处约 5.4 厘米，花被片轻微向后反卷，完全开放时花朵直径约 15.5 厘米，单株平均花朵数 3 朵；叶片绿色，互生，长约 10.2 厘米，最宽处约 1.7 厘米；茎下部紫色，上部绿色。该品种在沈阳地区能够自然越冬，自然花期为 7 月，抗逆性强，可以作为切花或庭院百合栽培。

二、'辽宁晨曦'（Liaoning Sunrise）

'辽宁晨曦'（图 3-12）是以卷丹为母本、亚洲百合品种'普瑞头'为父本杂交选育的新品种。平均株高约 115 厘米；花

图 3-11　百合新品种'侠客'

橙色，花被片 6 枚，长约 11.0 厘米，最宽处约 4.4 厘米，花被片明显向后反卷，完全开放时花朵直径约 13 厘米，单株平均花朵数 8 朵；叶片绿色，互生，长约 14.5 厘米，最宽处约 2.0 厘米；茎紫色。该品种在沈阳裸地可以越冬，自然花期为 7 月，抗寒性强，抗逆性强，种球鳞片肥厚，可作食用和庭院百合栽培。

图 3-12　百合新品种'辽宁晨曦'

三、'火烧云'（Burning Clouds）

'火烧云'（图3-13）为亚洲百合品种'Four You'和'矩阵'杂交选育的新品种。平均株高约26厘米；花橙色，花被片6枚，长约7.2厘米，最宽处约3.0厘米，花被片无反卷，完全开放时花朵直径约12.4厘米，单株平均花朵数5朵；叶片绿色，互生，长约5.1厘米，最宽处约0.7厘米；茎紫色。该品种在沈阳裸地可以越冬，自然花期为7月，抗逆性强，可以作庭院和盆栽百合栽培。

图3-13　百合新品种'火烧云'

四、'娇羞'（Shyness）

'娇羞'（图3-14）为亚洲百合品种'矩阵'和'Four You'杂交选育的新品种。植株平均株高约50厘米；花朵向上，主色亮黄色，花瓣靠近芯部浅橙色，无香味，花被片6枚，长约7.1厘米，最宽处约4.7厘米，花蜜腺沟纹浅黄色，花丝浅黄色，花粉橙色，柱头淡绿色，完全开放时花朵直径约12.7厘米，平均单株花朵数4朵；叶片互生，披针形，绿色，叶长约9.5厘米，叶片最宽处约1.8厘米；茎下部浅紫色，上部绿色。该种在沈阳地区裸地可以越冬，自然花期为 7 月，抗逆性强，可以作盆栽和庭院栽培。

图 3-14　百合新品种'娇羞'

五、'千纸鹤'（Paper Crane）

'千纸鹤'（图 3-15）为亚洲百合品种'橙色年代'和'橙色矩阵'杂交选育的新品种。平均株高约 19 厘米；花碗形，主色黄色，中脉放射状橙色，花被片 6 枚，长约 9 厘米，最宽处约 3 厘米，花被片轻微向后反卷，完全开放时花朵直径约 12 厘米，单株平均花朵数 2 朵；叶片绿色，互生，长约 8.2 厘米，最宽处约 1.0 厘米；茎绿色。该品种在沈阳地区裸地可以越冬，自然花期为 7 月，抗逆性强，可以作盆栽或地被栽培。

六、'暖阳'（Warm Sun）

'暖阳'（图 3-16）为 LA 百合品种'正直'与亚洲百合品种'温雅'杂交选育的新品种。平均株高约 60 厘米；花橙红色，花被片 6 枚，长约 9.2 厘米，最宽处约 4.7 厘米，花被片无反卷，完全开放时花朵直径约 16.2 厘米，单株平均花朵数 3 朵；叶片绿色，互生，长约 9.2 厘米，最宽处约 1.4 厘米；茎下部紫色，上

图 3-15　百合新品种'千纸鹤'

部绿色。该品种在沈阳地区裸地可以越冬，自然花期为 7 月，抗逆性强，可以作鲜切花或庭院绿化栽培。

图 3-16　百合新品种'暖阳'

七、'星空'（Starry Sky）

'星空'（图 3-17）是以卷丹为母本、亚洲百合品种'普瑞头'为父本杂交选育的新品种。平均株高约 102 厘米；花橙色，花被片内部和中部有紫黑色斑点，花被片 6 枚，长约 8.0 厘米，最宽处约 4.2 厘米，花朵下垂，花被片向后反卷，柱头紫褐色，花粉紫褐色，花丝浅橙色，完全开放时花朵直径约 12 厘米；单株平均花朵数 5 朵；叶片绿色，互生，长约 7.5 厘米，最宽处约 1.4 厘米；茎紫褐色。该品种在沈阳裸地能够越冬，自然花期为 6—7 月，抗寒性强，抗逆性强，可以作切花或庭院百合栽培。

图 3-17　百合新品种'星空'

八、'杏花村'（Betty Prior）

'杏花村'（图 3-18）是由 LA 百合品种'爱神'和'正直'杂交选育得到的。平均株高约 58 厘米；花橙黄色，花被片 6 枚，长约 12.8 厘米，最宽处约 5.0 厘米，花被片略向后反卷，完全开放时花朵直径约 19.3 厘米，单株平均花朵数 4 朵；叶片绿色，互生，长约 11.8 厘米，最宽处约 1.8 厘米；茎下部浅紫色，上部绿色。该品种在沈阳裸地能够越冬，自然花期为 7 月，抗逆性强，适合作盆栽和庭院百合栽培。

图 3-18　百合新品种'杏花村'

九、'刹那永恒'（Flash Eternity）

'刹那永恒'（图 3-19）是以卷丹为母本、亚洲百合品种'普瑞头'为父本杂交选育的新品种。平均株高约 81 厘米；花橙红色，花被片内部和中部有紫黑色斑点，花被片 6 枚，长约 7.5 厘米，最宽处约 4.5 厘米，花被片向后反卷，柱头紫褐色，花粉紫褐色，花丝橙色，完全开放时花朵直径约 14 厘米，单株平均花朵数 3 朵；叶片绿色，互生，长约 8.5 厘米，最宽处约 4.5 厘米；茎上部绿色，基部紫黑色。该品种在沈阳裸地自然花期为6—7 月，抗寒性强，抗逆性强，鳞茎肥大，适合作庭院百合和食用百合栽培。

十、'浅秋'（Light Autumn）

'浅秋'（图 3-20）是 LA 百合品种'信使'和'正直'杂交选育而来的。平均株高约 44 厘米；花碗形，亮黄色，靠近花芯处色深，花被片 6 枚，长约 8.1 厘米，最宽处约 5.0 厘米，完全开放时花朵直径约 15.9 厘米，单株平均花朵数 3 朵；叶片绿

图 3-19　百合新品种'刹那永恒'

色，互生，长约 8.5 厘米，最宽处约 1.8 厘米；茎下部紫色，上部绿色。该品种在沈阳裸地能够越冬，自然花期为 7 月，抗逆性强，适合作盆栽和庭院百合栽培。

图 3-20　百合新品种'浅秋'

十一、'橙色奇迹'（Orange Miracle）

'橙色奇迹'（图3-21）是以卷丹为母本、亚洲百合品种'普瑞头'为父本杂交选育的新品种。平均株高约96厘米；花橙色，花被片内部和中部有紫黑色斑点，花被片6枚，长约10厘米，最宽处约4厘米，花朵下垂，花被片向后反卷，柱头紫色，花粉紫色，花丝浅橙色，完全开放时花朵直径约18厘米，单株平均花朵数5朵；叶片绿色，互生，长约10厘米，最宽处约9厘米；茎上部绿色，基部紫色。该品种在沈阳裸地能够越冬，自然花期为6—7月，抗寒性强，抗逆性强，可以作食用和庭院百合栽培。

图3-21　百合新品种'橙色奇迹'

十二、'罗衣'（Silk Dress）

'罗衣'（图3-22）是由亚洲百合品种'Four You'和'橙色矩阵'杂交选育得到的。平均株高约54厘米；花红色，花被片6枚，长约9.8厘米，最宽处约4.8厘米，完全开放时花朵直径约 18.3 厘米，单株平均花朵数 3 朵；叶片绿色，散生，长约 7.8 厘米，最宽处约 1.6 厘米；茎下部紫色，上部绿色。该品种在沈阳裸地能够越冬，自然花期为 7 月，抗逆性强，可以作盆栽和庭院百合栽培。

图 3-22　百合新品种'罗衣'

十三、'盛京晚霞'（Shengjing Sunset）

'盛京晚霞'（图 3-23）是由卷丹和亚洲百合品种'精粹'杂交选育的新品种。平均株高约 102 厘米；花橙色，花被片内部和中部有紫黑色斑点，花被片 6 枚，长约 6.5 厘米，最宽处约 3.5 厘米，花被片向后反卷，柱头紫黑色，花粉橙褐色，花丝浅橙色，完全开放时花朵直径约 12 厘米，单株平均花朵数 5 朵；叶片绿色，互生，长约 4.5 厘米，最宽处约 1.5 厘米；茎上部绿色，基部紫色。该品种在沈阳裸地能够越冬，自然花期为 6—7 月，抗寒性强，抗逆性强，适合作切花和庭院百合栽培。

图 3-23　百合新品种'盛京晚霞'

十四、'鎏金岁月'（Gold Years）

'鎏金岁月'（图 3-24）是由 LA 百合品种'正直'和亚洲百合品种'瓦底索'杂交选育的新品种。平均株高约 68 厘米；花浅橙色，花被片 6 枚，长约 11 厘米，最宽处约 5.8 厘米，花被片轻微向后反卷，花丝浅橙色，花粉紫色，柱头浅橙，完全开放时花朵直径约 17.1 厘米，单株平均花朵数 3 朵；叶片绿色，散生，长约 10.7 厘米，最宽处约 1.2 厘米；茎绿色。该品种在沈阳裸地能够越冬，自然花期为 7 月，抗逆性强，适合作庭院百合或切花栽培。

图 3-24　百合新品种'鎏金岁月'

第四章　主要设施类型与配套设备

　　在全球大多数地区，百合鲜切花栽培都需要在保护地条件下进行。保护地栽培至少有 3 个优点：一是环境可调控，利用设施设备人工调控百合切花生长所需温度、湿度、光照及养分；二是花期可调控，不受种植地区和季节限制，达到周年生产、周年供花，满足市场需要，提高经济效益；三是质量可调控，能为百合切花生长提供多方面的保护，如防止雨、雪、风、霜等损伤花朵，防止大风吹倒植株，防止害虫侵食植株及传播病毒等，保证切花质量。百合切花生产的周期短，一般 2~5 个月，最多不超过 6 个月。因此，百合种植者可以根据自己的情况，选择不同的生产设施。无论选用哪种设施，都应考虑夏天的通风降温和冬天的保温措施及投入产出等。本章主要介绍几种适宜百合切花栽培的主要设施及配套设备。

❀ 第一节　设施类型

一、联栋温室

　　联栋温室（图 4-1）是百合鲜切花生产的主要栽培设施之一。根据百合鲜切花对温度、湿度、光照、通风等环境因子的要求，用于栽培切花百合的温室高度设计要合理，太高不利于冬季保温，太低影响切花品质。一般以脊高 3.5~4.0 米，跨度 6~8 米为宜。温室内部和外部可以安装遮阳网（冬天夜间可辅以保温）、灌溉系统和光照设备。为实现周年生产，温室还应配备加温和降温设施，如加温锅炉和湿帘风机等。

图 4-1　联栋温室百合生产

联栋温室具有良好的透光性，尤其在光照相对较弱的冬季，能够避免或减少因光照不足而引起的落蕾现象。该类温室在其他季节也能通过加热、通风、湿帘、喷雾、遮阴等方法调整空气和土壤温度，为切花百合生产提供理想的环境条件（图 4-2）。联栋温室中的环境基本上不受自然气候条件下灾害性天气和不良环境条件的影响，能周年全天候进行百合鲜切花的生产。现代化联栋温室的优点是土地利用率高，可进行机械化作业，是大面积现代化百合切花生产的重要设施。其缺点是投资费用高，在我国北方地区冬季加温成本高。

联栋温室按照屋面特点主要分为屋脊型和拱圆型两类（图 4-3）。屋脊型温室主要以玻璃为透明覆盖材料，其代表型为在荷兰的文洛型温室（Venlo），大多分布在欧洲，以荷兰面积最大。而拱圆型温室主要以塑料薄膜为透明覆盖材料，其代表型为里歇

图4-2 联栋温室中环境因子监测与调控

尔温室（Richel），主要在法国、以色列、美国、韩国等国家广泛应用。我国自行设计的现代化薄膜温室也大多为拱圆型温室。

屋脊型联栋温室   拱圆型联栋温室

图4-3 联栋温室类型

二、日光温室

日光温室是在我国北方形成并发展起来的一类特殊的南向采光温室。其主要特点是大多以塑料薄膜为采光覆盖材料，以太阳辐射为热源，聚集太阳能进行温室生产，靠最大限度采光、加厚的墙体和后坡，以及防寒沟、保温被等一系列防寒保温设备来最大限度减少散热，是我国特有的一种保护地设施。

　　日光温室曾有多种结构形式。目前推广应用的节能日光温室是在单屋面温室的基础上进行多方面改进后形成的。改进后的节能日光温室的保温和透光性能均有了很大提高，性能优良的日光温室可以在东北地区冬季不加温的情况下生产切花（图4-4）。

图4-4　日光温室百合种植

　　日光温室的主要结构参数包括跨度、高度、前屋面角度、墙体厚度等。①跨度，即温室前后墙之间的距离，主要考虑土地利用率和温室结构稳定性，一般多在6~10米，高纬度地区跨度宜适度减小。②高度，即日光温室地面至屋脊的高度，应根据跨度和前屋面的采光角度确定，一般10米跨度的温室高度在3.5~5.0米。③前屋面角度，即前屋面切面与地平面的夹角。一般立斜式日光温室的前屋面角在25度左右，拱型日光温室的前屋面底角处的切角应保持60度左右，中段切角在30度左右。④墙体厚度，后墙的主要作用是承重、隔热和蓄热。墙体可用土墙或砖墙，墙体中间一般用秸秆或保温材料填充（图4-5）。土墙总厚度一般在1.5米以上，砖墙总厚度为0.8~1.0米。

土墙    砖墙

图4-5　日光温室后墙种类

　　日光温室的覆盖材料（图4-6）包括透光覆盖材料和保温材料。透光覆盖材料有PO膜（烯烃类）、PE膜（聚乙烯）、EVA膜（乙烯-乙酸乙烯）、PVC膜（聚氯乙烯）等种类可以选择。薄膜一般设计成可拉动式或可卷曲式，以便在温室温度升高时通风、降温。保温材料又包括室外覆盖材料和室内覆盖材料。常用的室外覆盖材料有保温被等，室内覆盖材料有塑料膜、无纺布、遮阳保温网等。

图4-6　日光温室覆盖材料

三、塑料大棚

塑料大棚（图4-7）是用塑料薄膜覆盖的一种拱棚，建造容易、移动方便、便于操作，运行费用较低，具有晴天升温快、夜晚保温差的特点。晴天在不加温条件下，冬季棚内最高温度能比露地增加15 ℃以上，夜间没有日光条件下最低温度仅比露地高1~3 ℃。它是长江流域以南、中低纬度地区栽培百合的主要设施。但塑料大棚的保温性能、抗自然灾害的能力、内部环境的调控能力均较差。

图4-7　塑料大棚百合种植

塑料大棚的骨架由立柱、拱杆（拱架）、拉杆（纵梁、横拉）等部件组成（图4-8）。大棚骨架使用的材料比较简单，容易造型和建造，但大棚结构是由各部分构成的一个整体，因此选材要适当，施工要严格。骨架材料可采用竹、混凝土预制件、镀锌钢管等，可根据自身经济条件选择使用。一般情况下大棚的使用寿命是，竹架结构为3~5年，混凝土结构为8~10年，镀锌钢管可达15~20年。透明覆盖材料主要以塑料薄膜为主，具有透光率高、保温性强、防雾滴等特点，其使用寿命因薄膜的种类和质地的不同而异，一般为 1~5 年不等。

图 4-8　塑料大棚结构外观

塑料大棚不宜过高，否则棚内温度上升缓慢，而且易遭风害。棚面坡度过大易遭风害，但有利于排水和除雪；棚面坡度过小，则棚面易积雪积水。因此，棚面坡度应根据地区和使用目的而定。方位选择以南北延长为宜，可以保持棚内光照相对均匀，通风也比较好。为了保温，可以在大棚内再加一层薄膜，或者在大棚外增加一层保温被，保温性能会更好。双层膜塑料大棚和外保温塑料大棚见图 4-9。

图 4-9　双层膜塑料大棚（左）和外保温塑料大棚（右）

塑料大棚夏季防雨效果良好，但在北方因低温季节夜间保温性能差，作百合切花多用于春提早和秋延晚栽培。

❀ 第二节　配套设备

一、供电设备

温室供水、温控、照明及湿度控制系统等大多用电能作为能源，温室大棚的供电设备非常关键，在温室中通常配备一个或数个配电柜。

配电柜（图4-10）是温室大棚电动控制中心的统称，按照电气接线要求将开关设备、继电配件、保护电器和辅助设备组装在封闭或半封闭金属柜中，构成低压配电装置。配电柜的主要用途是方便控制温室大棚内的用电设备，另外还能起到电路和设备保护的目的。配电柜主要分为两部分：一是配电柜外壳；二是电气元件和相关附件。配电柜包含强电和弱电两部分。强电部分主要是减速电机、轴流风机、水泵、环流风机、卷帘电机等用电设备。温室大棚用的配电柜与一般的配电柜相比存在一些差异，因为温室大棚的用电设备一般需要三级控制（如减速电机需要正转、反转、停止），需要运转到一定程度时可以随时停止，而有些用电设备（如水泵和轴流风机）只需要打开或者停止两级控制。

二、灌溉设备

灌溉设施是百合切花栽培的重要设施之一。为了确保灌溉水质清洁，能够满足百合生长需求，需在水源或者供水系统前端安装过滤净化系统和水质调节设备。水质过滤系统见图4-11。

图 4-10　配电柜

图 4-11　水质过滤系统

设施生产常用的灌溉方式主要有以下 3 种。

（一）人工浇灌

人工浇灌（图 4-12）是一种传统的灌溉方式。一般将固定供水管引进温室内，再连接软管（橡胶管或塑料管），将水直接浇灌在百合的根部。这种灌溉方式较漫灌更加精准，但费工，适用小面积生产。

图4-12　人工浇灌

（二）喷灌

喷灌（图4-13）由水泵、输水管道和喷头等组成，用动力将水喷到空中，雾化成小水滴。喷灌一般分为固定式和移动式两种。

图4-13　喷灌

固定式喷灌的关键设备是喷头，喷头主要有折射式和摇臂式两大类。摇臂式喷头的喷洒角度可以调节设定。移动式喷灌装置悬吊在特定轨道上，靠往复行走进行喷灌作业（图4-14）。移动式喷灌装置离地面的距离可根据作业需要进行调整。全自动移动式喷灌机可自动调节喷水量、喷水时间、灌溉次数及行进速度等，供水均匀、适量，减少了人工投入和肥水流失。

图4-14　移动式喷灌

（三）滴灌

一个典型的滴灌系统由水源（蓄水池、水井）、过滤器、控制器、水泵、肥料注入器、输水管道、滴头等组成（图4-15）。一般利用河水、井水等水源的都应设置蓄水池。利用自来水作水源的滴灌系统，如果水压稳定、供水正常，那么可以不设蓄水池和水泵。过滤器是滴灌系统中至关重要的装置，在蓄水池出水口和水泵出水口都需要安装过滤器，以防止滴头被水垢及杂质堵塞。滴灌管通常有特殊的迷宫式内部设计，可有效防止水孔堵塞，并可节肥节水。滴灌通常与施肥结合起来，所以施入的肥料集中在植株根系周围，提高了肥料利用率，节省了生产成本。

滴灌（图4-16）是将水增压、过滤，通过低压管道送达滴头，以点滴方式缓慢地滴入植株根部附近的土壤或基质中，使植物主要根区的土壤或基质经常保持最优含水状况。使用滴灌系统进行灌溉时，水分可直接送到植株根区，大大提高了水的利用

图4-15 滴灌系统组成

率。同时，滴灌使土壤表面和植株叶面的湿润程度减至最小，并降低了室内空气湿度，减少了病虫害的发生。

塑料大棚 　　　　　　　　　　　联栋温室

图4-16 滴灌

三、保温增温

（一）增温设备

亚洲百合杂种系切花种植室温最低需要保持在10~15 ℃，而其他种类需要保持在16 ℃，温度过低容易造成百合花消蕾、花蕾发育异常及落叶等（图4-17）。为了满足温度要求，许多地区的温室中需要配置加热系统。增温的方式有很多，目前常用的主要有以下5种，种植者可以根据所在地区和设施条件、生产茬口等实际情况决定采取哪种方式。

图4-17 百合冷害消蕾落叶

1. 水暖加温

水暖加温（图4-18）即利用燃料锅炉、太阳能、电能等将水加热，通过管道输送到温室内，利用管壁辐射热量使室内温度增高。把管道或者柔韧的软管（最高温度40℃）平行铺于地面或栽培床的下面作为作物加热系统也是可以的，这样受热部位首先是作物根部区，然后是温室内其他空间。这种加温方法均匀持久，控制气温容易，但费用较高。若能利用附近工厂冷却排出的余热，也是一种较为经济的加温方法。

2. 蒸汽加温

蒸汽加温即利用燃料锅炉（图4-19）、太阳能、电能等将水加热至蒸汽状态，通过蒸汽管道把热量传到棚内，加热使用的燃料有煤炭、柴油、天然气、生物质颗粒、液化石油气等。这种加温方式的热分布均匀，便于调节，能迅速提高室温，适用于大型温室。其缺点是停火后散热器冷却较快，不易维持室温均衡，设备费用也较高。

图 4-18　水暖加温

图 4-19　蒸汽加温锅炉

3. 电热加温

电热加温有电热暖风机和电热线、电热板等多种形式（图4-20）。一个额定功率为 2000 瓦的电热暖风机，可供 20~50 米² 温室加热使用。电热线加温有两种：一种为加热线外套塑料管散热，可将其安装在繁殖床的基质中，用以提高土温；另一种是用裸露的加热线，用瓷珠固定在花架下面，外加绝缘保护，通过控制温度的继电器可自行调节温度。电热加温供热均衡、便于控制、节省劳力、清洁卫生，但成本较高，一般只作临时加温、补温使用。

电加热板加热   电加热器加热

图 4-20   电热加温

4. 热风加温

热风加温（图 4-21）即利用电能或燃烧柴油、汽油、生物质等燃料产生热量，用风机借助管道将热风送至温室各部位。生产上，常用塑料薄膜或帆布制成筒状管道，悬挂在温室中上部或置于地表输送热风。通过感温装置和控制器，可实现对温室内温度的监测、设定、启动或关闭等自动控制。风暖设备通常占地面积小，便于移动和安装。

生物质热风炉   风暖加温

图 4-21   热风加温

5. 空气能、太阳能加温

空气能加温（图4-22）是一种新兴的加温方式，与传统供暖方式相比，其具有以下优势。① 供暖设备成本较低，无需复杂的管道铺设，只要有空气即可实现采暖。② 设备通过吸收空气中的热能来制热，仅需消耗少量电能，便能产生多倍的热能。相较于传统供暖方式，具备快速升温、均匀发热等优势，使用空气能热泵可以节省超过75%的电能。③ 空气能热泵供暖设备的维护简便，可以远程智能控制机组的运行，无需专门人员进行维护，就能实现智能恒温自动化操作。供暖设备能在各种环境条件下稳定运行，甚至在极端气候条件下（-35~45 ℃）仍然表现出色。

图4-22　空气能加温

太阳能（图4-23）作为一种清洁能源，近年来随着光伏成本逐渐走低，在一些高标准温室中的应用也越来越多。

（二）保温设备

在冬季，温室内的保温是生产栽培的关键内容之一。温室内的温度高低取决于以下几个方面：一是白天进入温室内的太阳辐射能的多少；二是晚间散热量的多少；三是是否采取人工加温及加温的强度大小；等等。因此，为了提高温室内的温度，除了白天尽可能让阳光进入温室内和采取必要的加温手段外，减少晚间的散热量是另一种重要手段。

图4-23 太阳能加热（摄于荷兰）

1. 保温被覆盖

用作保温被的材料应当具有孔隙度高、与棚膜贴合紧密、保温性好、亲水性差、耐磨损、使用寿命长等特点。保温被的面积、重量和使用方式应考虑保温性能和便于操作。保温被一端固定在节能日光温室顶部，顺日光温室的前屋面铺下，并覆盖在透光面上，以减少晚间热散失（图4-24）。

图4-24 保温被覆盖

2. 保温幕

保温幕（图4-25）即架设在温室内的保温层。保温幕有多种设置方式，可用的材料也很多。一般在温室的立柱间用尼龙绳或金属丝绷紧构成支撑网，将无纺布、塑料薄膜、人造纤维的织物覆盖在支撑网上，构成保温幕。也有将保温幕与遮阳网合二为一，即夏天用作内遮阳，冬天用作内保温。这种两用幕由聚乙烯/铝箔制成，呈银白色。现代温室多通过传动装置和监测装置对保温幕实施自动控制。在温室内部架设棚架，覆盖草帘或其他保温材料，也能构成简易的内保温层，如在塑料大棚内套小拱棚等。

图4-25　保温幕（摄于荷兰）

四、降温设备

（一）空气降温

1. 通风降温设备

通过通风换气达到降温目的是生产中应用最广泛的降温方式（图4-26）。现代化的连栋温室通常都有天窗、侧窗等设计，薄膜日光温室多有顶部和底部放风口设计。

如果通风换气不能满足降温的要求，需增加降温设备。目

日光温室底风口   日光温室顶风口

图4-26   通风口降温

前，生产上应用较多的是遮阳网结合排气扇的降温方法。现代化温室多数使用湿帘降温系统或微雾降温系统。

2. 遮光降温设备

在温室外部或者内部挂遮阳网可以减少阳光射入量、降低室内温度，这是目前生产中常用的降温手段之一（图4-27和图4-28）。通过专用的立柱和支撑系统，使遮阳网与温室棚膜或屋顶保持一定距离，再通过驱动控制系统，可以实现遮阳网的展开/闭合机械化控制，可以根据需要遮阳降温，效果好，工作效率高。

图4-27   日光温室电动控制外遮阳（左）和联栋温室外遮阳（右）

图4-28 日光温室人工控制外遮阳（左）和联栋温室内遮阳（右）

3. 湿帘降温系统

湿帘降温系统（图4-29）由水墙、循环水系统、排风扇和控制系统组成。水墙装在温室的一端，排风扇装在温室的另一端。水墙由具有吸水性、透气性、多孔性的材料制成，常用的材料有杨木细刨花、聚氯乙烯、浸泡防腐剂的纸制成的蜂窝板等。当湿帘降温系统启动后，水（最好是温度较低的深井水）通过供水管沿水墙缓缓流下，形成一堵水帘，再从回水管流入缓冲水池。同时，温室另一端的排风扇将空气抽出，拉动室外空气通过水墙进入温室，使室内空气温度下降，达到降温目的。此系统既可以人工启闭，也可以与温室测温系统连接，实现自动控制。

图4-29 湿帘降温系统

水墙应安装在温室面向夏季主导风向的一侧墙上，而将排风机安装在下风一侧的墙上。

4. 微雾降温设备

微雾降温（图4-30）的降温原理如下。将水以4~10微米的雾滴形式喷入温室内，因雾滴细小，所以遇高温迅速蒸发；水蒸发时大量吸收空气中的热量，然后将潮湿空气通过排风扇排出室外，达到降温的目的。

图4-30　微雾降温

湿帘降温和微雾降温在高温、高湿地区或季节（如长江下游梅雨季节）效果一般。

5. 空气能或空调降温设备

有条件的企业或者生产者，可以考虑安装空气能或者空调等设备降温，但同时要考虑设施的整体性能、降温成本控制、种植经济效益等因素。

（二）土壤降温

高温时期，可使用土壤降温系统使土壤保持足够低的温度。该降温系统由埋入土壤45厘米深的水管构成，用冷却的水或泉水来调节土温，并使其保持在所需温度。由于安装成本较高，运行管理相对麻烦，所以在生产中实际安装应用较少。

五、补光设备

百合生长发育需要充足的光照。在冬季光照不足的条件下，花芽会变黄和脱落。亚洲百合杂种系对光照最敏感，但各品种间也有很大差异，铁炮百合杂种系敏感性较小，东方百合杂种系最不敏感。

冬季栽培，根据所处地区纬度和气候条件，种植者必须保证温室内有充足的光照，应尽量选用对光照不敏感的品种，并且鳞茎种植间距要大一些。

对于亚洲百合杂种系来说，温室最低光密度是 300 瓦/米^2。芽长 1~2 厘米时，如果低于 300 瓦/米^2，就应开始人工补光。

补光包括增加光照强度和光照时间。冬、春季节，如遇连续低温、阴雨，温室内在多层保温覆盖下的作物常因光照不足而茎秆细弱，影响切花的产量和质量。补光装置可以补充光照，缓解这一矛盾。增加光照时间是促成栽培的主要手段，冬季栽培除满足对温度的需要外，还需用人工光源延长日照时间。补光的光源多选用 LED 灯、白炽灯、荧光灯、高压钠灯等。一般将光源悬挂在栽培床的上方（图 4-31）。灯泡功率的大小和安装密度及离植株顶端的距离，依不同光源、功率、品种而异，通常情况下每 10 米^2 安装一盏专业补光灯。

温室内反射光利用得好，不仅可以增加光照强度，而且可以改善光的分布，是一种简单实用的补光措施。最简单的方法是在温室内墙上涂白（石灰水或涂料）。此外，在地面或墙面上铺设反光膜，利用它们对太阳光的反射，增加室内光照和改善室内光的分布。特别在种植高秆、荫浓的品种时，地面铺设反光膜可以增加植株基部的光照，从而增加产品数量和提高产品质量。

图 4-31　百合温室补光灯补光

六、遮光设备

当夏季光照过强对百合的生长发育产生影响时，需要进行遮阳，以减弱温室或塑料大棚中的光照强度，避免灼伤百合。此时，可安装内置或外置遮阳网（图 4-32）。

外部　　　　　　　　　　　　　内部

图 4-32　百合种植大棚覆盖遮阳网

常用的遮阳材料有苇帘、竹帘、遮阳网、无纺布等。遮阳材料要求有一定的遮光率、较高的反射率和较低的吸热率。遮阳网，又称遮光网、遮阴网，多用黑色或银灰色聚乙烯薄膜条编织而成，中间镶嵌尼龙丝以提高强度。这种遮阳网白天遮阴效果较好，但吸热量大。室外网的材料要耐老化，现代化联栋温室内层遮阳网对强度和耐老化的要求低一些，多用铝箔或者镀铝的薄膜条制作而成，具有良好的遮阳降温效果。遮阳网的幅宽规格有90，150，160，200，220，250，320 厘米等；遮光率规格有25%，30%，35%，40%，45%，50%，65%，85% 等。遮阳网的一般使用寿命为 3~5 年。

七、施肥设备

（一）水肥一体化设备

通过滴灌在浇水的同时进行肥料的补充是目前设施百合切花生产普遍使用的方式。常用施肥方式有两种。一种是将几种固态化合物溶解后分别储存在母液罐中，使用时，按照不同肥料配比，混合后加入灌溉水中，为种植温室提供营养液，该系统广泛应用于无土栽培园区。另一种是将单一高浓度液态原肥按照比例直接注入混合罐，然后加入灌溉水中。该种施肥方式可以有效节约母液配制时间，降低人工成本，避免人工配制母液时出现配制失误问题。施肥设备有大型的自动化控制施肥机和小型的文丘里施肥器（图4-33）。大型设备在企业和面积较大的现代化温室中应用较多；一家一户的农户种植用小型的施肥器投资少，安装操作简单，应用较普遍。

（二）气态肥

适当增加空气中的二氧化碳浓度对于百合的生长、开花都有好处。向温室中补充的二氧化碳可以由燃烧器燃烧产生或直接向温室中释放纯二氧化碳。如果温室中的通风器和门都是关闭的或通风量保持在最小，并有足够的光用于光合作用，在早晨有光时即可开始提供二氧化碳，并维持数小时甚至全天。有光照时，可持续 24 小时补充二氧化碳，如将二氧化碳浓度控制在适当的水平，需要用专业仪器定期检查和监测二氧化碳的浓度（图 4-34）。

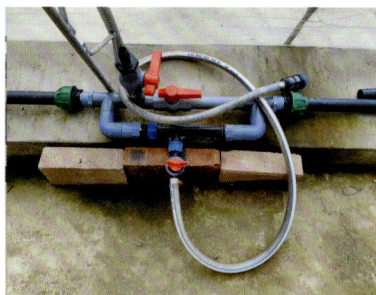

大型施肥器　　　　　　　　　小型文丘里施肥器

图 4-33　百合切花生产施肥设备

图 4-34　二氧化碳施肥器（摄于荷兰）

八、植保设备

（一）杀虫灯

杀虫灯是利用昆虫的趋光性、趋色性诱杀昆虫，防控效果好，绿色环保，省时省力。其可以有效减少农药使用，降低对环境的污染，也可以提高产量和质量。杀虫灯主要有风吸式杀虫灯和频振式杀虫灯两类（图4-35）。

风吸式杀虫灯　　　　　　　　频振式杀虫灯

图4-35　杀虫灯类型

1. 风吸式杀虫灯

风吸式杀虫灯通过特定的光波和颜色吸引昆虫，利用强大的气流将昆虫吸入灯管内，使昆虫无法逃脱，从而达到灭杀害虫的目的。其具有使用寿命长、维护成本低、使用方便等优点。风吸式杀虫灯可以诱杀害虫的成虫和若虫，减少下一代害虫的数量，从源头上控制害虫的繁殖。

2. 频振式杀虫灯

频振式杀虫灯是利用害虫较强的趋光、趋波、趋色、趋性信息的特性，将光的波长、波段，以及波的频率设定在特定范围内，近距离用光、远距离用波，加以黄色外壳和可以诱导害虫本身产生的性信息引诱成虫扑灯，灯外配以频振式高压电网触杀，使害虫落入灯下的接虫袋内，达到杀灭害虫的目的。

（二）背负式喷雾器

背负式喷雾器（图4-36）是由操作者背负，用手动或电动操作液泵，以达到喷雾的液力喷雾器。其一次装载药液容量较少，可用于小面积内病虫害防治。

图 4-36　背负式喷雾器

（三）专用打药机

专用打药机有燃油型和电动型，喷药效率较高，一次装载药液量大，可以达到100～300升，适用于面积较大的设施内病虫害防治。电动型高压打药机见图4-37。

图 4-37　电动型高压打药机

（四）弥雾机

弥雾机是采用气流输粉、气压输液、气力喷雾原理，由汽油机驱动的机动植保机具，具有操纵轻便、灵活、生产效率高等特点。设施内使用弥雾机，在确保病虫害防治效果的同时，可以节约药量；尤其在低温、潮湿等不利条件下使用弥雾机，能够有效降低温室内湿度，减少病害发生。背负式弥雾机见图4-38。

图4-38　背负式弥雾机

（五）植保无人机

随着科技的高速发展，专用植保无人机在生产中的应用越来越多。植保无人机（图4-39）一般由飞行平台、导航飞控、喷洒机构三部分组成，通过遥控或导航飞控，开展喷洒作业。其具有如下优点：作业高度低；飘移少；可空中悬停；无需专用起降机场；旋翼产生的向下气流有助于增加雾流对作物的穿透性；防治效果高；远距离遥控操作，避免喷洒作业人员暴露于农药的危险，提高了安全性；等等。

（六）粘虫板和防虫网

蚜虫、白粉虱、斑潜蝇等多种害虫的成虫对黄色敏感，具有强烈的趋黄性。黄色粘虫板杀虫技术是利用昆虫的趋黄性诱杀农业害虫的一种物理防治技术。粘虫板绿色环保、成本低，全年应用可大大减少用药次数。采用黄色纸（板）上涂粘虫胶的方法诱杀昆虫，可以有效减少虫口密度，不造成农药残留和害虫抗药

图 4-39　植保无人机

性，可兼治斑潜蝇成虫、粉虱、蚜虫、叶蝉、蓟马等多种害虫。蓝色板诱杀蓟马效果更好，配以性诱剂可诱杀多种害虫的成虫（图 4-40）。在温室通风口加设网眼密度合理的防虫网，可以有效阻挡害虫进入，减少用药次数，绿色又环保。

图 4-40　百合种植温室悬挂粘虫板

九、其他

（一）栽培台

栽培台是温室内用于支撑栽培床或者直接放置栽培箱等容器的平台。栽培台可以使栽培容器与地面保持一定距离，具有利于作物根部通风、避免水涝、减轻病虫害、便于人员操作等诸多优点。常见栽培台有平台式和阶梯式。平台式一般高 20~80 厘米，宽100厘米左右，具体高度和宽度以便于管理操作为度。阶梯式一般不超过3阶，每阶高30厘米左右。制作栽培台的材料因地制宜，一般常用木板、角钢、管材、水泥制品等。百合种植温室水泥栽培台见图4-41。

图4-41　百合种植温室水泥栽培台

（二）栽培床

栽培床（图4-42）是温室内用于切花栽培或育苗的设施，有地床和高床之分。贴地面设置的为地床，高出地面设置的为高床。地床是用砖或混凝土预制块在地面砌成的种植槽，一般壁高30厘米左右，内宽80~100厘米，长度依温室条件和栽培床方向而异。栽培床方向多与温室长轴垂直，也有与温室长轴平行的。高床离地面50~60厘米，床内深20~30厘米，一般用混凝土制成，也有用金属结构的。

为提高温室的利用率和操作方便，栽培台和栽培床可设置为移动式。移动方式分纵向移动和横向移动两种。一般多用金属框架作为固定基础，选用轻质金属材料做成可移动的栽培床。栽培床借助滑轮或金属圆管在固定框架上移动。纵向移动的栽培床底部安装滑轮，横向移动的栽培床在固定框架上放可滚动的圆管。这样，一个作业小区内只留一条通道即可，其余面积均设置框架

图 4-42 百合种植温室栽培床

并摆放栽培床。操作人员在一条栽培床上操作完毕后，向一侧推移开此栽培床，再移来另一条栽培床进行操作。此方式可以使温室面积的有效利用率提高到 80% 左右，增加了单位面积产量。

第五章 百合鲜切花栽培技术

🍀 第一节 前期准备

一、制订计划

百合鲜切花生产，种球成本高，价格波动大，种植有一定的风险。决定种植百合前一定要牢牢树立"以销定产"的意识，多渠道掌握产品供求信息，对未来市场走势做出判断，计划好上市时间，综合考虑设施条件、品种特性、种植季节、种植经验、自身销售能力等因素，科学制订生产计划，切忌盲目跟风生产，扩大种植面积。制订生产计划应主要明确以下问题。

（一）确定栽培模式

种植者应根据生产地的气候、土壤及所具备的设施条件来确定以何种模式进行切花生产。百合鲜切花的主要栽培模式有"联栋温室+无土栽培+滴灌""日光温室+无土栽培+滴灌""日光温室+土壤栽培+高畦+滴灌""日光温室+土壤栽培+平畦+漫灌""塑料大棚+土壤栽培+高畦+滴灌"等（图5-1）。确定栽培模式的基本原则：一是获得尽量大的"投入产出比"；二是尽量因地制宜，简便易行，降低生产成本。

联栋温室+无土栽培+滴灌

日光温室+无土栽培+滴灌

日光温室+土壤栽培+高畦+滴灌

日光温室+土壤栽培+平畦+漫灌

塑料大棚+土壤栽培+高畦+滴灌

图5-1　百合鲜切花主要栽培模式

（二）品种选择

百合鲜切花栽培品种选择至关重要，它直接影响种植的效益和鲜花的品质。品种选择时，需要考虑以下几个关键因素。

1. 市场需求

（1）热门品种。了解当前市场上最受欢迎的百合品种，这些品种通常具有较高的销售量和较好的价格。通过市场调研、与花卉经销商交流及关注行业动态，掌握消费者的喜好趋势。

（2）季节需求。不同季节对百合鲜切花的需求有所差异。例如，在情人节、母亲节等节日期间，粉色和白色的东方百合可能更受欢迎；而在夏季，清新的亚洲百合可能更有市场。不同百合品种在不同季节的表现也不一样。大多数百合品种在夏季高温期生长不良，表现为植株高度变矮、花朵颜色浅、茎秆软、易感染病虫害等，如大多数东方百合品种；也有少量百合品种在夏季表现相对较好，如亚洲百合品种、铁炮百合品种等。

2. 生长特性

（1）适应性。选择适应本地气候和土壤条件的百合品种。主要考虑当地的温度、光照、湿度等因素，确保所选百合品种能够良好生长。

（2）生长周期。生长周期短的百合品种可以更快地收获和上市，适合追求资金快速周转的种植者；生长周期长的百合品种可能花朵品质更高，但需要较长的投资回报时间。

3. 花的品质

（1）花形。百合的花形多样，有喇叭形、碗形、杯形等。宜选择花形优美、规整，且在瓶插期间能够保持良好形态的品种。

（2）花色。颜色鲜艳、纯正的花更能吸引消费者。常见的花色有白色、粉色、黄色、橙色、红色等，也有一些复色或渐变色的品种可供选择。

（3）花香。具有宜人香气的百合品种往往更受青睐，是目前市场的主流品种，但要注意部分消费者可能对花香过敏，需综合考虑市场需求。

4. 抗性

（1）抗病性。选择对炭疽病、灰霉病、疫病等常见病害具有较强抗性的百合品种，减少农药使用和管理成本，提高鲜花的产量和质量。

（2）抗逆性。具备良好抗逆性的百合品种能够更好地应对恶劣环境条件（如干旱、高温、低温等），尤其对初学者来说，种植管理相对简单易学，可以降低种植风险。

5. 主栽品种

目前，国内外市场上比较流行的切花百合主要有东方百合杂种系、OT 百合杂种系、亚洲百合杂种系、LA 百合杂种系、铁炮百合杂种系、重瓣百合等。

（1）东方百合杂种系。目前切花百合应用数量最多的是东方百合杂种系，主栽品种有'西伯利亚''索邦''薇薇安娜'等。

（2）OT 百合杂种系。近年来，OT 百合杂种系种植面积不断增加，主栽品种有'木门''竞争''罗宾娜''大连''圆舞曲'等。

（3）亚洲百合杂种系。近年来，亚洲百合杂种系作为切花栽培，种植面积越来越少，常见品种有'穿梭''永远的琳达''杏仁软糖''秘密之吻'等。

（4）LA 百合杂种系。LA 百合杂种系作为切花栽培，目前市场份额较少，是对东方百合、OT 百合的补充，但是栽培面积近几年一直处于上升势头。主栽品种有'阿曼达''帕维亚''眼线''布林迪西''正直'等。

（5）铁炮百合杂种系。其常见品种有'新铁炮''白天堂'等。

（6）重瓣百合系列及常见品种。近些年，重瓣百合从国外引进日益增多，已发展成为市场上的流行品种。主栽品种有'阿诺斯卡（冰美人）''滑雪板''伊琳娜'等。

（三）确定种植时间

百合从种植到开花所需要的时间取决于品种、设施条件、栽培季节、种球休眠状态和温度等因素。实际生产中，应根据出花时间来确定种植时间。我国北方百合鲜切花节日消费特点明显，在农历七夕节、国庆节、元旦、春节、情人节等节日期间较平时需求量大，价格较高，切花在节日前1~2周上市，收益相对稳定。表5-1结合辽宁地区气候特点和农民的种植习惯，针对几个主栽品种给出了一个时间范围。表5-1中数据是基于在栽培初期给植株提供了最佳的白天和夜间温度，整个栽培过程最低温度在8℃以上的情况总结出来的，仅供参考。根据表5-1中的数据和当地气候条件，以及自己的种植经验倒推，可以确定种球栽种时间。

表5-1　辽宁地区不同品种不同季节种植至切花所需天数　单位：天

品种	七夕节	国庆节	元旦	春节
西伯利亚	75	80	110	125
索邦	65	70	95	110
薇薇安娜	65	70	95	110
竞争	60	65	90	105
木门	60	65	90	105

（四）种球预订

百合品种和种植时间确定好后，应根据温室（大棚）的面积和种植密度计算出所需种球的数量。因我国切花百合种球目前主要依赖进口，所以应提前预订，并与经营信誉好、售后服务到位的种球公司合作，以确保能按时拿到种球，保障种球质量。

二、设施设备准备

北方设施百合鲜切花生产适宜的设施类型有联栋温室、日光温室、二冷棚（增加外保温覆盖材料的塑料大棚）、塑料大棚等（图5-2）。不同季节生产需要准备不同的设施设备：棚室应具备良好的保温、通风、采光和遮阳系统，以控制温度、湿度和光照条件，并且确保结构坚固，能够抵御恶劣天气；栽培床可以是高架床或地面床，确保排水良好，避免积水导致根部病害；滴灌或喷灌系统，能精确控制浇水量和浇水时间；施肥设备包括施肥器、搅拌器等，以保证肥料均匀供应；补充光照的灯具，可以在光照不足时满足百合生长需求；加温与降温设备如锅炉供暖、风扇、湿帘等，可以调节温室内的温度；通风设备如排风扇、通风窗等，可以促进空气流通；土壤检测设备用于检测土壤酸碱度、肥力等指标，以便进行土壤改良；病虫害防治设备如喷雾器、诱虫灯、防虫网等，可以预防和控制病虫害的发生；采收和包装设施设备包括冷库、小型运输车辆、剪刀、镰刀、保鲜处理设备、包装材料等。

在准备这些设施设备时，要根据生产规模和实际需求进行合理选择和配置，以提高生产效率和切花品质。

联栋温室

日光温室

二冷棚

塑料大棚

图 5-2 百合鲜切花生产设施类型

三、土壤检测

(一)检测指标

适宜的土壤是生产优质百合鲜切花的基本条件之一。在种植百合前,应对种植地块进行取样检测,全面、详细了解土壤情况,主要从物理、化学、生物学三方面进行了解和检测。

1. 土壤物理性状

主要了解土壤的结构类型,即所选地块的土壤构成是壤土、黏土、沙壤土或沙土等,土壤的容重、密度、孔隙度等。以上数据是土地改良的依据。百合喜欢透气、透水性较好的土壤，含粗沙粒过多或黏重的土壤不适宜种植百合。因为含粗沙粒过多，大孔隙多，土壤保肥、保水能力差。相反，黏质土壤大孔隙少，小孔隙也少，通透性差，易积水，对百合根部的生长发育极为不利。

2. 土壤化学性状

主要包括土壤的酸碱度（用 pH 值衡量）、含盐量（用 EC 值衡量）及一些常用的土壤化学指标，如有机质含量，大量元素速效氮、磷、钾，中量元素钙、镁、硫，微量元素铁、锰、铜、锌等。此外，还有对氯（Cl）和氟（F）等植物敏感元素含量的检测。

3. 土壤生物学性状

主要包括微生物种类和数量、土壤酶活性等。

（二）取样方法

田间采样时，由于土壤本身空间分布不均一，因此应以地块为单位，多点取样，再混合成一个混合样品，这样才能更准确地反映取样地块的土壤性状。采样前，先削去最表层的浮土，再按照布点位置，自上而下垂直取土样。

采样方法通常有以下两种：一是对角线采样法，即在地块的对角线各等分中央点采样；二是棋盘式采样法，即将取样地块平均分成若干大小的方块，在方块中央取样。

深度视采样目的而定，一般采耕层 0~20 厘米，用特制的土壤取样器或者小铲等工具取样，多点取样后，将样品混合均匀，最后取 1~2 千克用于检测。将所采土样装入聚乙烯塑料袋，内外均附标签，标记清楚采样编号、深度、名称、日期、地点、采集人。

四、土壤改良

东方百合杂种系及 OT 百合杂种系品种是我国目前百合鲜切花的主栽品种，理想的土壤是土层深厚，富含有机质，土壤肥力好，pH 值为 6.0~7.0，呈弱酸性，保水保肥能力强，同时透气、排水良好的壤土或沙壤土。在土壤检测基础上，对照上述指标进行土壤改良是种好百合的必要步骤。主要改良目标如下。

（一）增强透气性

过于黏重的土壤不适宜种植百合，因为除了水分和养分外，土壤里的氧气含量对植物根系的健康生长非常重要，能影响整个植株的发育。在黏重的土壤中，可掺入清洁的河沙、珍珠岩，以增加孔隙度；可掺入炭化稻壳、秸秆、泥炭，以及经过无害处理的菇渣、酒糟、醋糟等有机物，这类材料不但可以改善土壤的透气性、增加土壤疏松程度，而且含有一定的营养成分，可降低土壤 pH 值，增加土壤缓冲能力，有助于提高土壤肥力。生产中，取材方便、改良效果好、应用较多的有机物主要有以下 3 种。

1. 农作物秸秆

植物生理学研究证明，作物光合作用产物的 50% 左右存在于秸秆中。同时，作物吸收的矿质营养也未全部转入籽粒或果实，有相当一部分留在了秸秆内。因此，秸秆还田不仅可以改善土壤结构，而且对增加有机质、提高土壤肥力也很有好处。农作物秸秆见图 5-3。

秸秆改良土壤（图 5-4）的做法主要有两种。一种是直接施入土壤与整地施肥同时进行。在翻地前将粉碎的秸秆（玉米秸秆每亩地用量约为 1 吨）、腐熟的有机肥、适量化肥均匀撒在土壤表面，用翻地机或者旋地机将秸秆翻入地下或者与土壤充分搅拌均匀，然后直接在土壤里种植百合。这种做法操作简单省时，生

图 5-3　农作物秸秆

产中应用较多，但秸秆在土壤中需要一个腐化过程，转化为有机质和肥料的时间长，肥效较慢，且有带入病虫害的可能性。另一种是秸秆提前发酵，再施入土壤。秸秆粉碎后，掺入专用秸秆降解发酵菌剂（菌剂种类和施用量、施用方法根据厂家说明使用），同时加入少量氮肥（或有机肥），如用 1%～2% 的硫酸铵或尿素水溶液喷洒秸秆，将秸秆与添加物混拌均匀，堆成堆儿，用塑料覆盖，四周压实密闭，夏季 6—8 月堆沤 30～45 天即可使用，冬季时间可以适当延长。这种做法弥补了第一种方法的缺陷，只是需要预留秸秆发酵时间。

2. 泥炭

泥炭又称草炭，由木本、草本、苔藓及蕨类植物经地下埋藏多年而形成。其质地松软易于散碎，多呈棕色或黑色，pH 值一般为 5.5～6.5，呈微酸性，泥炭有机质含量在 30% 以上，且富含腐殖酸和纤维及其他一些矿质营养元素。所以，泥炭既能改善土壤的物理结构，又能增加土壤肥分和对养分的吸附能力。目前，泥炭在全球被大量用于园艺生产，尤其是无土栽培。作为土壤改良剂，泥炭不需要复杂的加工过程，只要将大块打碎，撒入田间并翻耕即可。泥炭改良土壤见图5-5。

秸秆直接施入土壤　　　　　　　　　秸秆粉碎发酵

图5-4　秸秆改良土壤

改造前　　　　　　　　　　　　改造中

图5-5　泥炭改良土壤

3. 菇渣及糟类

菇渣是指食用菌栽培后的下脚料。人工栽培食用菌使用的培养基主要由农作物秸秆、树木渣料等配制而成。例如，用稻草栽培凤尾菇，用棉籽壳栽培平菇，用玉米芯栽培白灵菇，等等。在很多地区，产菇后的废料常被随处抛弃，既污染环境，又浪费资源。将菇渣粉碎消毒后，掺入土壤中，可使土壤疏松并增加一定肥分。菇渣与土壤的融合程度远好于秸秆直接撒入土壤。糟类（主要指醋糟和酒糟）作为土壤改良剂时，需事先掺入一些有机肥或喷洒氮肥进行再发酵，然后才能使用。

（二）调整土壤 pH 值

百合喜微酸性土壤，土壤适宜的 pH 值对百合根系发育和矿质营养的吸收非常重要。如果 pH 值过低，会抑制植物对磷、钙、镁等元素的吸收；如果 pH 值过高，会影响铁、锰、锌等元素的吸收。

切花百合适宜的 pH 值为 6.0~7.0。为了降低 pH 值，可在表土增施硫黄、泥炭、专用土壤调理剂、有机肥或者施用尿素和铵态氮肥；要增加土壤 pH 值，可在种植之前加入含钙、镁的石灰或者化合物，施用量要根据土壤检测结果进行计算确定。使用石灰至少要等 1 周后才能进行种植。

（三）降低土壤含盐量

百合不耐盐，土壤盐分含量高会抑制根对水分的吸收，从而影响植株生长。土壤中氯和氟的含量均要求在 50 毫克/升以下，未加肥料的灌溉水 EC 值不能超过 0.3 毫西/厘米。最好在种植前 6 周取土样化验，掌握土壤酸碱度、EC 值及肥力状况，采取针对性的措施调整土壤含盐量。如果土壤含盐或氯成分太高，可以在定植前用大水洗盐。所施肥料中的含盐量、灌溉水中的含盐量、前茬作物的含盐量都能影响土壤盐分含量。

洗盐方法如下：6—8 月利用作物换茬空隙揭去棚膜，深翻土壤，四周做埂挡水，地块外围挖排盐沟，深度 30 厘米以上，或者在地块最低处挖排盐井，深度 50 厘米以上。采用大水漫灌，使土壤完全浸没在水面以下，水面下降后及时补水，水深保持超过 10 厘米，保持 1 周以上，及时将排盐沟或者井中渗出的水排掉。如果土壤盐分含量高，可适当延长洗盐时间。

（四）土壤培肥

1. 增施有机质

玉米等农作物秸秆、炭化稻壳、泥炭，经过无害处理的畜禽粪便、菇渣、酒糟、醋糟等富含有机质，将它们施入土壤中可以有效提高土壤有机质含量。实践证明，每年向土壤表层施入腐熟牛粪 15 米³/亩和泥炭 10 米³/亩，经过 2~3 年改良，土壤表层 20 厘米有机质含量可以达到 5% 以上。土壤种植前施有机肥见图 5-6。

图 5-6　种植前施有机肥

2. 配方施肥

百合整个生长期内对氮、磷、钾的需求比例接近 m（N）：m（P_2O_5）：m（K_2O）= 24：13：24，底肥占总需肥量的 50%，生长期追肥占 50%。定植前 6 周取土样，检测土壤 pH 值、EC 值及有机质、氮、磷、钾含量等指标，根据土壤检测结果，对照百合需肥量、需肥规律制订施肥方案，实现精准施肥，这是生产高品质切花的重要一环。

3. 经验做法

如果不具备土壤检测条件，普通地块可以每亩施入腐熟牛粪

15 米³，加 m（N）：m（P_2O_5）：m（K_2O）= 16：8：16 的长效复合肥 50 千克作为底肥，机械旋耕将肥料与土壤混拌均匀。

注意：百合对氯和氟元素敏感，尽量不用含氯和含氟的肥料，农家肥必须充分腐熟后方可使用。

五、土壤消毒

土壤既是植物生长发育的根本，也是病虫害传播的主要媒介，许多病菌、虫卵和害虫都在土壤内越冬，成为翌年的初侵染源，导致作物病虫害的发生。土传病虫害是百合鲜切花最为普遍和严重的威胁。在百合种植前进行土壤消毒，对于杀死或抑制土壤中有害生物、防治百合病虫害的发生、提高百合鲜切花品质具有重要意义。常用的土壤消毒方法有物理消毒和化学消毒。

（一）物理消毒

1. 蒸汽消毒

蒸汽消毒（图 5-7）是指将特制的蒸汽管道埋入 25~30 厘米深的土壤中，然后用塑料膜或篷布将土壤封盖严实，继而向管道内输送蒸汽，使土壤温度达到 80 ℃，稳定维持这一温度 1.0~1.5 小时。蒸汽消毒可以有效杀死土壤中的有害生物，同时不向土壤中输送任何有害物质，绿色环保，是最彻底、最理想的一种消毒方式。但是蒸汽消毒依赖专用设备，耗能较高，操作相对麻烦，目前在少数现代化农场和无土栽培基质消毒中应用较多，普通农户应用较少。

2. 高温（闷棚）消毒

北方日光温室百合鲜切花生产多集中在每年 8 月至翌年 5 月，夏季多为空闲期。充分利用夏季日照充足、气温高的气候条件，将土壤或基质润湿后用塑料膜封严，密闭棚室，暴晒，使表层土壤和膜下温度达到 40 ℃以上，保持 15~30 天，可以杀死土壤中

图 5-7　蒸汽消毒

大部分害虫和虫卵，以及有害微生物（图 5-8）。该方法操作简单、消毒成本低，能起到很好的土壤消毒效果，绿色环保，比较适合种植规模小的农户使用，高温消毒结合化学消毒效果会更好。

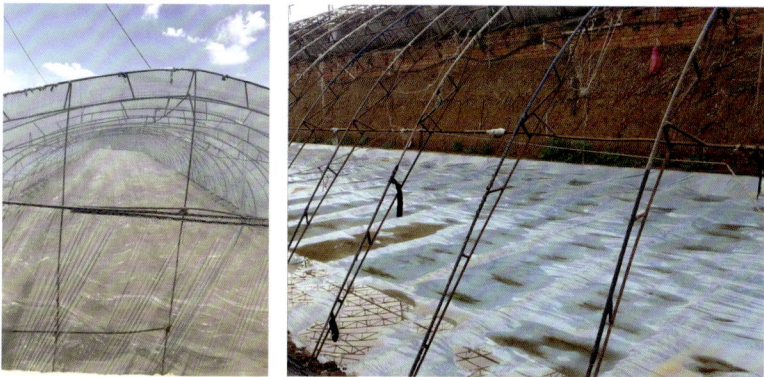

塑料大棚　　　　　　　　　　　　　日光温室

图 5-8　高温（闷棚）消毒

3. 水淹法消毒

水淹法消毒（图 5-9）适用于土地相对平整、水源较为充足的地块。其原理是通过水淹排除土壤中的空气，从而使土壤中的好氧有害微生物和害虫因缺氧而死亡。消毒前，将土地整平，四周叠埂，然后灌水将土地全部淹没，保持水深10~20厘米，淹水2~4周，将水放掉，可达到部分杀灭土壤中病原菌和害虫的效果。

图5-9　水淹法消毒（摄于荷兰）

（二）化学消毒

1. 简单消毒

用40%福尔马林水溶液加水配成50或100倍药液喷洒土壤表面，用量为2~5克/米^2，旋耕机旋耕均匀，用塑料膜覆盖5~7天，揭开晾晒10~15天即可种植。也可用0.1%恶霉灵颗粒5千克/亩和3%辛硫磷颗粒剂5千克/亩，均匀撒施后用旋耕机混入土中。这种做法操作简单，消毒完成后可以很快安排定植，节约时间、成本低，适用于前茬作物土传病虫害不是很严重的地块或之前没种过百合的地块。

2. 灭杀性消毒

目前应用较多的灭杀性消毒剂有棉隆（四氢化-3，5-二甲基-2H-1，3，5-噻二嗪-2-硫酮）、威百亩（二硫代氨基甲酸酯类）、石灰氮（氰氨化钙）等。设施百合鲜切花生产，目前棉隆、威百亩应用较多；石灰氮显碱性，会提高土壤pH值，应用较少。

这几种消毒剂使用方法类似，下面以棉隆和威百亩为例介绍土壤消毒操作。

（1）棉隆消毒（图5-10）。棉隆是一种高效、低毒、无残留的环保型广谱性综合土壤熏蒸消毒剂，属低毒杀线虫剂，适合多年重茬种植的土壤消毒使用。棉隆施用于潮湿的土壤后，在土壤中分解成有毒的异硫氰酸甲酯、甲醛和硫化氢等，迅速扩散至土壤颗粒间，可有效杀灭土壤中各种线虫、病原菌、地下害虫及萌发的杂草种子，从而起到清洁土壤的效果。

图5-10　棉隆消毒

棉隆消毒的具体操作方法如下。

①准备。清洁田园，施入腐熟农家肥，灌水增加土壤湿度，使土壤含水量达到60%，以促进线虫、病菌等繁殖、活动，以及草籽萌动，5天后翻松土壤。

②施药。98%棉隆微粒剂按照面积计算用药量，使用剂量为25~30克/米^2，均匀撒施在土壤表面，将药剂与20厘米耕层土壤拌匀，浇水增湿土壤，立即覆盖塑料，四周用土压实，密闭20~30天。揭膜通风7~10天，松土1~2次。

③安全性检验。在施药处理的土层内随机取土样，装入玻璃瓶，在瓶内放入沾有小白菜种子的湿润棉花团，然后立即密封瓶

口，放在温暖的室内 48 小时萌芽。同时，取未施药的土壤作对照，若施药处理的土壤有抑制发芽的情况，则应再松土通气，当发芽测试证明有害气体散发干净后，方可栽种作物。

④注意事项。整地要细，土壤湿度适中（50%~70%），施药均匀；使用适宜的塑料薄膜，保持一定的覆盖时间，消毒完成后确保散气时间，无残留药害；施药效果受土壤温湿度及土壤结构影响较大，使用时，土壤温度应高于 12 ℃，25~30 ℃为宜，土壤湿度需高于 50%（湿度以手捏土能成团，1 米高度掉地后能散开为标准）；为避免土壤二次感染，农家肥（鸡粪等）一定要在消毒前加入；因为棉隆具有灭生性，所以不能与生物药肥同时使用。

（2）威百亩消毒。威百亩是一种二硫代氨基甲酸酯类杀线虫剂。它是一种白色结晶固体，在 20 ℃下可溶于水，溶解度高达 722 克/升，在甲醇中也有一定的溶解度，但在其他有机溶剂中几乎不溶。威百亩的浓溶液非常稳定，但稀溶液相对不稳定。最重要的是，威百亩会在土壤中降解成异硫氰酸甲酯，从而发挥熏蒸作用。它通过抑制生物细胞分裂和 DNA、RNA 及蛋白质的合成，以及造成生物呼吸受阻的方式，能够有效杀灭根结线虫、杂草等有害生物，从而使土壤更加洁净和健康。

威百亩消毒具体操作方法如下。

①苗床使用方法。

❖整地：在施药前，首先耕松土壤，使其平整并保持潮湿。

❖施药：将威百亩按照建议的用药量加水稀释，通常是 50~75 倍（具体取决于土壤湿度），然后均匀喷洒到苗床表面，确保药液渗透到土壤中 4 厘米深。

❖覆盖：施药后，立即覆盖聚乙烯地膜以防止药气泄漏。

❖除膜：在施药后的 10 天内去掉地膜，然后翻松土壤，使残留的气体充分挥发，通常需要 5~7 天。

❖播种：一旦土壤中的残留气体完全散尽，即可进行播种或种植。

②营养土使用方法。

❖准备营养土：如果使用有机肥或基肥，需将其与土壤充分混合均匀。

❖配制药液：将威百亩加水稀释80倍液，备用。

❖施药：将营养土均匀平铺于薄膜或水泥地面，厚度为5厘米，然后均匀喷洒已配制的药液，确保其渗透至土壤3厘米以上。接着再覆盖5厘米厚的营养土，继续喷洒已配制的药液，以此类推，最后用薄膜覆盖严密，以防止药气挥发。

❖除膜：在施药后的10天内去除薄膜，耙松土壤，使剩余气体充分散出，通常需要再过5天后再次松土，之后才可进行播种或种植。

③保护地及陆地使用方法。

❖施药前准备工作：清园、补水、施肥、翻耕等。

❖施药方式：可采用沟施、注射施药或滴灌施药。施药后要密闭，密闭时间根据气温变化而定，通常需要在20 ℃以上密闭15天以上。

④注意事项。施药时间应避开中午高温，可以选择在早晨或傍晚进行。威百亩在稀释溶液中容易分解，因此建议现用现配。避免使用金属器具，因为威百亩可以与金属盐发生反应。施药后，如果发现薄膜有漏气或孔洞，应及时封堵，以确保施药效果。使用时，需佩戴防护用具，因为该药对眼睛和黏膜具有刺激作用。

六、水源准备及处理

（一）水质检测

水质对于能否成功种植百合花起着重要作用。在年降水量较为丰沛（达到 1000 毫米及以上）的区域，建议收集雨水用作灌溉。雨水的含盐量极低（EC 值约为 0.1 毫西/厘米），属于理想的灌溉水源。不过，就我国多数种植百合的地区而言，特别是北方地区，年降水量通常仅为几百毫米。往往只能用地表水或者地下水来灌溉。在使用前，必须对水质进行检测，水质检测项目主要包括 pH 值、EC 值、钙离子（Ca^{2+}）浓度、镁离子（Mg^{2+}）浓度、重碳酸根（HCO_3^-）浓度、总硬度、氯离子（Cl^-）和氟离子（F^-）含量等。在实际生产过程中，水的化学特性会直接作用于土壤的化学特性甚至物理特性。倘若灌溉水的含盐量（EC 值）偏高，那么土壤的含盐量会上升。较为理想的灌溉水，其电导率应不超过 0.3 毫西/厘米，pH 值约为 6.5。我国北方地区的地下水或地表水，大部分呈偏碱性（pH 值不低于 7.0），而且盐分偏高，尤其是地下水，这主要是水中所含的 Ca^{2+}、Mg^{2+}、HCO_3^- 及其他一些金属离子较多导致的。这种状况主要由我国北方的地质结构所决定，同时和人类多年以来的生产、生活对环境造成的污染存在一定的关联，如垃圾污染、工农业污染、过度开采地下水等。

（二）水源处理

百合种植前的水源处理至关重要，当水质不符合种植百合的要求时，应预先制定灌溉水的处理方案。首先，要对水源进行检测，确定其酸碱度（pH 值）、矿物质含量、重金属含量、细菌和病原体等指标。当地下水和自来水的 pH 值偏高时，可通过晾晒或加酸的方式来降低 pH 值。即地下水抽上地面或自来水放出以后，先放在一个储水池（槽）内，最好是阳光能照到的地方，晾晒几天，再用来灌溉。对于 pH 值过高的水，需加酸进行调整，推荐优先使用硝酸或磷酸。灌溉水 pH 值的调整应视百合品种的需要而定。例如，东方百合及 OT 百合杂种系的灌溉水 pH 值应在 6.5 左右，而亚洲百合及 LA 百合杂种系要求 pH 值在 7.0 左右。

用酸调节水的 pH 值时，有一点需要注意：酸加入水中以后，一定要充分搅动，并放置 1 天以后再用于灌溉。其目的是使酸分子充分"水合"，以免"游离酸"对作物造成伤害。

对于矿物质含量过高的水源，可能需要进行软化处理，以避免土壤盐碱化而影响百合生长。水源中的重金属含量必须严格控制，若超标，应采取相应的净化措施，如使用活性炭吸附、氢氧化物或硫化物沉淀剂等。在使用前，要对水源进行消毒处理，以杀灭其中的细菌和病原体。常见的消毒方法有紫外线消毒、臭氧消毒和化学药剂消毒（如次氯酸钠）等。

百合的灌溉，还应特别注意水中氯离子（Cl⁻）和氟离子（F⁻）的含量。百合对这两种离子极其敏感，灌溉水中上述 2 种离子如有一种含量超过 1.5 毫摩/升，便可能引起叶烧现象。

七、种球准备

（一）种球选购

种球是切花栽培能否成功的关键。主要从种球大小、外观质量和内在质量三个方面判断种球质量的好坏。

种球大小与切花高度、花蕾数量有直接关系：同一品种，种球越小，花蕾数越少，茎秆越短，植株越轻；相反，种球越大，花蕾数越多，茎秆越高、越粗壮，植株也越重。生产实践中，在种球成本能接受的情况下，选用大规格的种球，产出优质花的可能性就越大。目前，生产中多用周径 16~18 厘米的种球做切花栽培。

外观质量主要靠肉眼判断。鳞茎新鲜饱满、鳞片抱合紧实完整、无病虫、伤口少、基盘根粗壮、数量多；新芽生长点高度占鳞茎高度 70% 以上；种球茎眼修复良好、芽粗壮、芽心粉红色、新芽高度小于 3 厘米的种球为优质种球。优质种球外观见图 5-11。

图 5-11 优质种球外观

　　内在质量是种球质量的关键，主要包括休眠解除情况、芽萌发活力、萌发整齐度、是否携带病毒等。内在质量是由生产条件、后期处理、包装运输等环节决定的，需要专业仪器设备、田间栽培实验和生产实践来检验。种球休眠解除情况观察见图5-12。

图 5-12 种球休眠解除情况观察

目前，我国切花百合种球几乎全部依赖进口，选购种球时尽量从信誉好、售后服务有保障的经销商处购买。

（二）种球解冻

种球运抵种植基地后应及时打开塑料包装袋，冷冻的种球须将塑料箱置于10~15℃的遮阴环境中缓慢解冻。已解冻的种球若不能马上下种，应在2~5℃环境下存放。超过一周不能下种的种球应置于0~2℃的环境中保存，已经解冻的种球不能重新放在0℃以下保存。

（三）种球消毒

百合种球种植前消毒是预防病虫害的关键环节。种球消毒用广谱和内吸两种杀菌剂混合做浸球处理，浸球时根据虫害发生情况添加相应杀虫剂。存储时间较长，感染青霉病，腐烂较严重的种球可用50%咪鲜胺锰盐1000倍、1%申嗪霉素1000倍、0.3%印楝素500倍混合液加热至39~40℃，温水消毒2小时处理（图5-13）。从外观上判断病害较轻的种球可用50%多菌灵500倍液和30%恶霉灵500倍液消毒20~30分钟，表面水分晾干后再下种。国外进口的优质种球，在出口前已经过严格消毒处理，如果没有明显的病症不用二次消毒。

图5-13　种球温水消毒

八、低温催芽

笔者团队试验证明，栽植前经低温催芽处理的'西伯利亚''索邦''木门'的株高分别比未催芽处理的高 3.9，2.8，2.1 厘米，其花蕾长度都明显大于未经催芽处理的，种植到开花的天数分别提前了 11.5，19.8，20.0 天。这说明低温催芽促进了百合茎生根的发育，有利于植株对养分和水分的吸收，增加了植株的高度，提升了切花品质，同时缩短了生育期。

低温催芽的具体做法是：用百合种球周转箱等作催芽容器，底部铺 3~5 厘米厚泥炭等基质；将已解冻的百合种球栽于泥炭等基质中，一个挨一个摆放，种球保持直立状态，顶芽向上，上面覆盖一层基质，以盖住种球顶端为准；基质浇透水，放入冷库或者有低温条件的地窖、棚头管理房；整个催芽期间的最佳温度是 12~13 ℃，基质要始终保持湿润状态；催芽 10~20 天，顶芽长出 5~10 厘米，茎生根刚刚形成且尚未萌发时，将种球取出，种植在棚室内（图 5-14）。

催芽前　　　　　　　　　　催芽后

图 5-14　种球低温催芽

　　低温催芽后的种球见图5-15。与种球直接下地的传统栽培方式相比，低温催芽技术可以有效避开夏、秋季种植前期的高温不利环境，有利于茎生根发育，增强植株吸收养分能力，提升切花品质，缩短种植到收获时间，使切花提前上市；同时，能够提高温室利用率和复种指数，提高单位时间单位面积的产量，增加花农种植收入。因此，低温催芽得到越来越多农户的认可和推广应用。

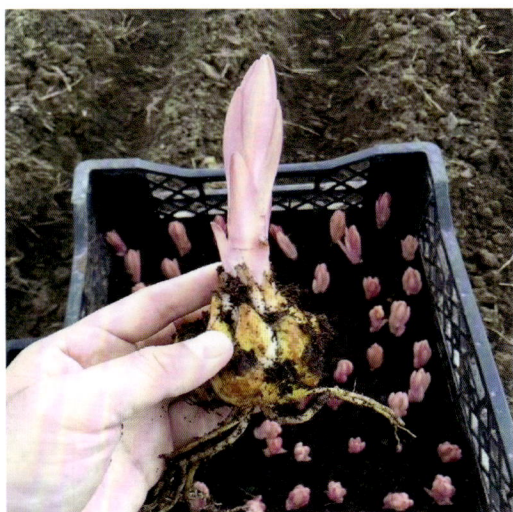

图5-15　低温催芽后的种球

🍀 第二节　定植

一、地温调整

　　百合种球茎生根发育的最佳温度范围是12~13 ℃，因此下种前要保持较低的地温。夏、秋季种植土壤温度较高，比较有效的办法是冷水灌溉，即栽种前先用冷凉的地下水将种植畦浇透，同时温室顶部用遮阳网覆盖，防止土壤温度由于阳光直射而上升。另外，在环境温度偏高的季节，定植以后应采取多种方法降低土壤温度，如在温室上方拉遮阳网（图5-16），地表覆盖稻草、稻壳或其他作物秸秆，以及温室加强通风等措施。

图5-16　悬挂遮阳网

二、种植深度

根据季节和环境温度的不同，种球的种植深度可以有适度变化，但总的深度范围在6~10厘米（指土表以下至种球顶部的距离）。在夏季或环境温度较高时，种植深度为8~10厘米；在冬季或环境温度偏低时，种植深度在6~8厘米即可。但无论在何种情况下种植都不能太浅，因为从种球顶部至土表的空间是百合长茎生根生发区域。如果土层过浅，茎生根没有发育的空间，而百合整个生长期所需水分和养分的85%~90%由茎生根供给，若茎生根发育不好，很难生产出高品质切花。种球栽植见图5-17。

图 5-17 种球栽植

三、种植密度

合理的种植密度是增加单位面积产量、降低生产成本的有效措施。百合鲜切花种植密度由品种、种球大小、设施内光照和土壤条件等因素决定。冠幅小的品种可以种得密一些，冠幅大的品种可以种得疏一些；枝条硬度好的品种可以种得密一些，枝条偏软的品种可以种得疏一些；同一品种，种球规格小的品种可以种得密一些，种球规格大的品种可以种得疏一些；夏天种植密一些，冬天种植疏一些。在我国北方地区（北纬 38 度以北），大多数花卉种植者冬季使用日光温室种植百合。由于纬度较高，日照时间短，加之有些温室塑料膜透光不良、阴天等问题，因此日光温室内光照较差。在这种情况下，除了选择对光照不敏感的品种，降低栽植密度是防止百合落叶、黄叶以保证品质的重要措施。表 5-2 为不同品系种球推荐栽植密度，单位为粒/米^2（每平方米栽培畦种植种球粒数），仅供参考。

表 5-2　不同品系种球推荐栽植密度　　单位：粒/米²

品系	种球周径/厘米				
	10~12	12~14	14~16	16~18	18~20
东方百合杂种系			30~40	25~35	20~30
OT百合杂种系			30~40	25~35	20~30
亚洲百合杂种系	60~70	55~65	50~60	40~50	
LA百合杂种系	50~60	45~55	40~50	30~40	

四、种植模式

（一）高畦栽培

高畦栽培（图 5-18）即土地旋耕、平整后直接开沟定植，行距 25 厘米，株距 10~15 厘米，种球栽完后从畦面两侧取土覆盖种球，覆土厚度 6~10 厘米，做成畦面宽 70 厘米、高 15 厘米及垄沟宽 30 厘米的高畦。将畦面耧平，上覆 3~5 厘米厚稻草或碎秸秆，以保持床面土壤疏松透气。每畦按照间距 25 厘米铺设两根微喷带或滴灌带，浇透水，两天后再浇透水一次。高畦栽培在冬季反季节栽培期间可以有效提高地温，通过控制给水量有效降低温室中土壤和空气湿度，从而起到抑制病害发生的作用。建议种植户采用高畦栽培。

田间种植图

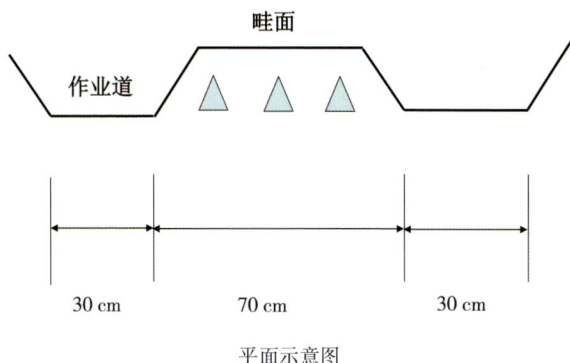

平面示意图

图5-18　高畦栽培

（二）平畦栽培

平畦栽培（图5-19）即定植前先做垄台，畦面低于垄台，畦宽1米，3行种植，按照行距25厘米开沟，株距10~15厘米将种球栽到沟里，摆球时顶芽垂直向上，相邻两行种球交叉摆放，种球上方覆土6~10厘米，黏性土壤可浅一些，疏松、保水差的土壤则深一些。畦面搂平、浇透水，两天后再浇透水一次。此种模式多采用大水漫灌的方式浇水，因操作简单，不需铺设微喷带，目前在辽宁地区应用较多。此种模式的缺点是浇水量不易控制，低温季节易造成温室内地温过低和空气湿度过大，加重病害发生，影响品质。

田间种植图

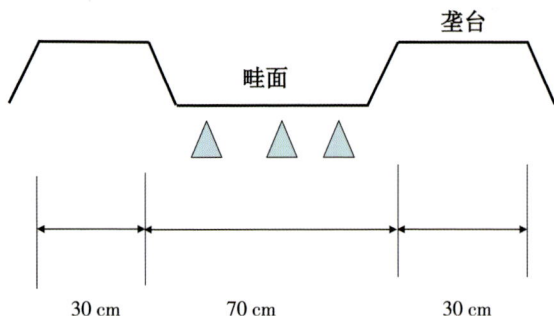

平面示意图

图 5-19 平畦栽培

五、种球栽植

在栽植前 4~5 天，畦内浇一次水。栽植时，棚室内的土壤湿度以握紧成团、落地松散为好。采用沟栽，按照南北向开沟（沟深 10~15 厘米），然后将种球整齐地摆放于沟内，相邻两行种球交叉错位摆放，种植时不要用力按压，以防碰伤鳞茎或根系。种球上面覆土 6~10 厘米，畦面耧平，浇透水。为了保证茎生根发育良好，在栽植后的 7~10 天，一定要保持表层土壤湿润。在栽植后的 3~4 周，土壤最理想的温度是 12~13 ℃，高温季节种植前应用遮光、通风和冷水灌溉等方法使土壤湿润，使土壤尽可能接近理想温度。种球栽植见图 5-20。

图 5-20 种球栽植

❁ 第三节 定植后管理

一、温度管理

要想获得高品质的百合切花，设施内的温度管理十分重要。

定植后的 3~4 周，是茎生根发育的关键时期，土壤最理想的温度是 12~13 ℃。发育良好的茎生根系对于获得高质量的产品极为重要。温度过低会延长生长周期，而温度高于 15 ℃会导致茎生根发育不良。在这个阶段，种球主要靠基盘根吸收水分、氧气和营养。当茎生根开始生长，这些新的茎生根很快就会代替基盘根为植株提供 85%~90% 的水分和营养。所以要想获取高质量的百合，茎生根的发育状况十分关键。状态好的茎生根的标准是数量多，颜色呈白色且根毛多（图 5-21）。在高温季节，为了降低土壤温度，可采取以下措施：设施外部遮阴，用稻草、碎秸秆等覆盖土壤，加强通风，用温度较低的水灌溉土壤，使用土壤降温系统。采用冷库低温催芽的方法可以很好地促进和保护茎生根发育。

图5-21　状态好的茎生根

生根期过后，东方百合杂种系的最佳生长温度是15~25 ℃，若温度低于10 ℃，则可能导致落蕾和黄叶（图5-22）。亚洲百合杂种系的理想温度是10~25 ℃，但是当夜间温度降至8~10 ℃时，只要持续时间不是很长、湿度不是太大，也不会造成明显的影响。铁炮百合的温度应控制在17~27 ℃，花期为防止花瓣失色、花蕾畸形和裂苞，白天和晚上的温度不能长时间低于14 ℃。

若白天温度过高，可以通过通风、遮阴来降低温度。昼夜温差控制在10 ℃为宜。若夜温过低，则易引起落蕾、黄叶和裂苞；若夜温过高，则百合生长过快、植株脆弱、花苞少，切花品质降低。冬季日光温室温度普遍较低，会延长百合的生长期，并严重影响切花的品质，此时应增加调节温度的手段，同时在推算上市日期时，应充分考虑到这些因素。

冬季生产，保温增温是重点。低于10 ℃的低温持续时间越长对百合生长造成的伤害越大，因此冬季应尽量缩短夜间低温持

图 5-22　百合低温冷害

续的时间。主要保温增温的措施有：通过设备加温；选择保温效果好的棚膜、保温被等覆盖保温材料；加强温室的密封性，温室通风口、人员进出口、保温被重叠处等密封要严密；白天充分利用阳光提高室温和地温，发挥日光温室后墙的蓄热功能。早上尽可能早一点起被见光，晚上放被前应利用阳光将棚内温度提升到25 ℃以上再放保温被。

夏季生产，降温是关键。温度高于 30 ℃持续时间过长会对百合生长带来不利影响，出现灼伤、花芽分化异常、消蕾等问题。主要降温措施有：外挂遮阳网（图 5-23），撤掉塑料膜，使用微喷、深井水、湿帘降温等。

二、相对湿度管理

百合生长期适宜的空气相对湿度在 60%~85%。相对湿度应避免剧烈波动，剧烈波动对植株的生长会造成不良影响，可利用遮阴、通风及喷淋等方法来调控相对湿度。

通风是控制相对湿度非常重要的措施。相对湿度变化过快可能会引发叶烧，影响切花品质。最好在清晨室外相对湿度较高时

图 5-23　夏季悬挂遮阳网遮阴

进行通风换气，早晨放风时要分阶段、缓慢降低湿度。在低温寡照的天气条件下，相对湿度较高，此时需要采取人工加温等措施来降低相对湿度。

三、光照管理

光照是百合鲜切花生产最重要的因素之一。百合是喜光作物，整个生长期都需要充足的光照条件，光照不足会造成植株生长不良并引起百合落蕾、落叶、叶色变黄、花色变浅、瓶插寿命缩短等问题。百合不同生长发育阶段对光照的需求有所不同，需要给予不同的光照管理。以目前主栽的东方百合杂种系为例，可以将整个生长期光照管理大致分为以下 2 个阶段。

（一）生长前期（栽植后至花蕾 3 厘米）

生长前期应适度遮光，以促进根系发育、植株增高为主要目标。光照强度控制在 2 万~3 万勒，遮光率 50%~75%，一天中的遮光时间需根据天气和温度情况及植株生长状态及时做出调整。

（二）生长后期（花蕾长 3 厘米至切花）

生长后期应适当增加光照，以促进花蕾发育、提高切花品质为主要目标。光照强度控制在 3 万~5 万勒，采收前 2~3 周根据上市时间、植株长势及天气情况灵活掌握是否遮阴，实现精准上市。

光照管理与季节密切相关。北方冬季在下午日落以前要提前盖保温被，温室内光照量过少、日照时间过短，可能影响光合作用和营养物质的积累，会导致百合茎秆细弱，影响花蕾发育甚至引起消蕾。在荷兰，冬季温室内一般采用 400~1000 瓦的高压钠灯进行补光处理，平均每 8~16 米^2 一盏灯。花蕾长 0.5 厘米开始补光，补光时间约为 5 周，从 20：00 到次日 4：00 共补光 8 小时，切花采收前结束补光。但在我国大部分地区，冬季日照条件比荷兰要好得多，因此，补光量可少于荷兰，每 10 米^2 安装一盏20~30 瓦的植物补光灯或者 LED 灯，每天补光 5~6 小时，也可以起到比较理想的效果。

没有补光条件的温室，可以采取一些其他措施来增加光照，如选用防尘性好、透光性好、新的塑料膜，及时清扫、擦除棚膜、玻璃表面的灰尘、积雪，保持表面清洁，在温度有保障的前提下提早打开保温被，适当晚放保温被等措施。

夏季生产，光照强度过强，应以遮光为主，可以使用遮光率为 50%~85%的遮阳网遮光，同时结合雾化微喷，减弱光照强度，降低温度，增加湿度，为百合生长创造相对有利的环境条件。

不同杂种系、不同百合品种对光照的需求有所不同，需要结合实际情况决定管理方案。

1. 东方百合杂种系

东方百合杂种系对光照强度的波动十分敏感。无论是在冬季还是夏季，光照强度波动过大可能是诱发东方百合杂种系发生叶烧的原因之一。北方地区，尤其是冬季生产，建议选择不易产生叶烧的品种，如白色的'西伯利亚'等。同时，对于温室光照的调节，注意幅度不要过大。冬季要尽量早些打开温室顶部的保温被。在打开保温被前，要事先将供暖量加大，以保证温度和光照的变化都比较平缓。夏季如果遇到阴雨后转晴，应马上拉遮阳网。一般夏季种植东方百合杂种系，需遮光50%~75%。

2. OT 百合杂种系

OT百合杂种系需要充足的光照来保证良好的生长和开花。在生长期间，每天尽量保证8小时以上的光照。春秋季节，可给予全日照，让其充分接受阳光照射。夏季时，正午的强光可能会对其造成不利影响，需适度遮阴，遮去50%~75%的光照，防止叶片灼伤、花朵褪色。冬季光照较弱且时间短，可考虑增加人工补光，以维持其正常的生长和发育。

3. LA 百合杂种系

LA百合杂种系喜欢充足的阳光，但在夏季高温时，过强的直射光可能会对其造成伤害。生长初期，每天应保证6~8小时的光照，以促进植株的健壮生长和花芽分化。春秋季节，阳光相对温和，可以接受全日照。夏季阳光强烈时，需要适当遮阴，使用30%~50%的遮阳网，避免叶片被灼伤。冬季光照时间较短且强度较弱，在条件允许的情况下，尽量提供充足的人工补光，以满足其生长需求。

4. 铁炮（麝香）百合杂种系

铁炮百合杂种系对于光照的敏感性不如亚洲百合杂种系。试验证明，长日照促进铁炮百合开花并增加植株高度。因此，在高纬度地区，冬季种植铁炮百合应增加人工光照。在我国北方地区，冬季使用日光温室生产百合花，低光照引起下部黄叶是铁炮百合的常见问题。解决的办法有3个：一是冬季栽培适当降低栽植密度；二是采用透光率高的塑料膜并保持表面清洁，以增加透光率；三是采取夜间补光措施。

5. 亚洲百合杂种系

亚洲百合杂种系喜阳光充足的条件。大多亚洲百合杂种系对缺光敏感。当光照强度低至 1.2 万勒时，40%～60% 的花蕾不能开花。我国北方地区，冬季日光温室种植亚洲百合经常遇到的问题是"消蕾"，其主要原因有 2 点：一是日光温室的塑料膜透光率较低；二是北方地区冬季日照偏少，再加上有时阴天或下雪，使得温室内光照严重不足。在这样的地区，冬季种植亚洲百合应采取 2 点措施：第一，尽量选择光敏感性较低的品种；第二，为防止出现盲花、落蕾或消蕾现象（消蕾最易发生在 11 月至翌年 3 月），在冬季促成栽培时需人工补光。补光有助于提高亚洲系百合的生长质量，但可能会使植株高度稍有降低。对于亚洲百合杂种系并不是光线越强越好，夏季栽培时，应使用遮阳网，遮去40%～50%的阳光，以免叶片被灼伤。

四、水分管理

百合喜水，但是怕涝。种植前需先浇足够的水分，使土壤保持湿润，定植前的土壤湿度以手握成团、落地松散为好。在温度较高的季节，定植前如有条件，应浇一次冷水以降低土壤的温度；定植后再连续浇两次透水，使土壤和种球充分接触，为茎生根的发育创造良好的条件。

由于茎生根是在土壤的上层发育，所以应使这部分土壤保持湿润，也应避免水分过多，否则会影响对根部氧气的供应，对根系造成不利影响，同时增加根腐病发生的概率。

浇水量的多少需综合考虑以下 5 个因素。

（1）土壤的类型：沙质土壤保水力和毛细作用差，不如颗粒细密的壤土和黏土。

（2）气候：高温低湿的环境条件下，植株蒸发量增加。

（3）品种：叶片多少、叶片大小都能影响蒸发量。

（4）植株发育情况：不同的生长阶段蒸发量不同。

（5）土壤中盐分含量：盐分含量高会降低植株对水分的吸收。

在气候干燥阶段，每天水分的供应量应在 8~9 升/米²。用仪器测量土壤含水量在 40%~80% 变动比较适合。检查含水量是否合适的简易方法是，用手紧捏一把土，如果土壤湿润，几乎不能挤出水来，这样的水分含量较为适合。同时，要经常检查灌溉系统的供水是否均匀，这也十分重要，但在实际生产中却很容易被大多数生产者忽视。冬季生产最佳的浇水时间是在上午早些时候，中午以后不能浇水，这样到晚上植株表面处于相对干燥的状态，有利于减少病害。必要时可打开加热系统或通风系统，以防止灰霉菌的感染。夏季生产浇水可以选择早晨或者傍晚温度较低的时段，避开中午高温期。

五、施肥管理

百合整个生长期对肥的需求量比较大，除了定植前的底肥，还需要在生长过程中追肥。不同生长阶段追肥的管理方案有所不同，大致可以分为以下 3 个阶段。

（一）定植到茎生根形成期

百合在种植后的最初 3~4 周是茎生根形成期，百合生长发育所需营养主要依靠种球自身储存的营养和基盘根从土壤环境中吸收的营养。这个阶段由于新生幼根较脆弱，对土壤中盐离子浓度敏感且容易受机械损伤，一旦受伤很难恢复，直接影响植株生长和切花品质，所以这个阶段原则上不追肥，以养根为主。

（二）茎生根形成至现蕾期

茎生根形成至现蕾期阶段以营养生长为主，同时部分百合品种在这个阶段会完成花芽分化，百合生长速度快，对营养的需求量大，需要及时追肥。

通常在定植3周后、百合苗高20厘米左右时开始施肥，应按照薄肥勤施、土壤追肥与叶面追肥相结合、大量元素与微量元素相结合的原则进行。以复合肥、尿素、钾肥、磷肥做土壤追肥，一般每次用肥10~15千克/亩，共追肥3~4次，土壤追肥可用液体肥或固体肥，固体肥施后应立即浇水稀释。叶面追肥用0.15%的尿素和0.2%的磷酸二氢钾每周喷1次，共喷施5~6次。在花芽分化期还可以喷一次腐殖酸肥料或0.1%的硝酸钾和0.05%的硫酸铵2次。

这一阶段要特别注意铁肥和钙肥的补充，东方百合杂种系对铁和钙元素的需求量较大，一般在定植后第4周开始需要及时补充铁肥和钙肥。铁肥不能用硫酸亚铁，其不易被吸收且容易发生肥害，要选用高品质的、水溶性好的螯合铁。每亩地根部追施螯合铁1千克，2周后追施第2遍。也可通过叶面喷施补充螯合铁，通常使用浓度为2000倍液。钙肥一般用硝酸钙，每亩地每次根部追施5千克，2周后追施第2遍，注意钙肥与其他肥料混用容易产生沉淀，最好单独施用或者先做沉淀试验，如果不产生沉淀再混用。补充钙肥一定要在百合现蕾前完成，主要是为了预防和缓解叶烧病的危害。

（三）现蕾至切花采收期

现蕾至切花采收期阶段以生殖生长为主，重点是保证花蕾正常发育所需的营养供应。追肥时可以适当降低氮肥的比例，增加磷、钾肥的比例。在根部追肥的基础上，可以适当增加叶面喷施的次数，追施微量元素、生物菌肥等，使花蕾发育更好、叶片更亮，提高切花的商品性。

百合的施肥配比要注意三方面的问题。第一，在满足百合营养平衡的同时，应注意所选择的各种原料化肥的生理酸碱性。因为所有的化学肥料本质上都是盐类，其分子均由阴离子和阳离子两部分组成。如果一种化肥施入土壤中，其阳离子（如 K^+，Ca^{2+}，NH_4^+等）优先或较多被植物吸收，土壤中就会剩余很多阴离子（如 SO_4^{2-}，Cl^-，CO_3^{2-}等），此时土壤易变为酸性，这样的化肥可称为生理酸性肥料；反之，则称为生理碱性肥料。如果在配制肥料时，不注意生理酸碱性的平衡选择，就有可能导致土壤 pH 值的变化，进而影响百合的正常生长。第二，百合对钾元素的要求较多，试验发现，钾含量略高于氮含量可使百合花色更纯正，茎秆更挺拔。一般保持 $m（N）：m（K_2O）=1：（1.2～1.8）$ 较为合适。第三，配肥时，应按照百合对各种矿质营养元素的需求选择原料化肥。例如，同样是氮源和钾源，用硝酸钾（KNO_3）与硝酸铵（NH_4NO_3）加少量硫酸钾（K_2SO_4）相配合，要优于只用硝酸铵（NH_4NO_3）与硝酸钾（KNO_3），因为作物主要的需求是氮和钾，而对于硫的需求只是少量，过多使用硫酸钾必然会使硫酸根（SO_4^{2-}）残留于土壤中，使土壤盐分升高。

另外，就氮、磷、钾"三要素"而言，磷在土壤中的移动性最差，且磷元素最易形成沉淀。因此，当使用肥水灌溉系统时，通常是将氮、钾肥料溶入水中，而磷肥于定植前以底肥的形式施入土壤中，这样可有效地防止由于磷盐沉淀而带来的滴灌系统堵塞问题。

六、气体管理

科学通风能够调整温室内的温度、相对湿度、气体成分等，有助于百合植株健壮生长、花朵形态优美、色泽鲜艳，提高切花的观赏价值和市场竞争力。

通过换气，能够带走棚内多余的热量和湿气，使环境温度和湿度保持在适宜百合生长的范围内，避免高温高湿导致生长不良。良好的通风可以降低病菌和害虫的滋生与传播风险，降低农药使用量。新鲜空气的供应有助于提高二氧化碳的浓度，促进光合作用，为植株生长和花朵发育提供充足的养分，及时排出棚内的有害气体（如氨气等），避免对根系和叶片造成毒害。

（一）通风设施设备

百合鲜切花种植的温室或大棚应具备良好的通风条件，要合理设置通风口，包括侧窗、顶部和底部通风口等（图5-24）；安装适量的循环风扇和主动排气扇，以增强通风效果。

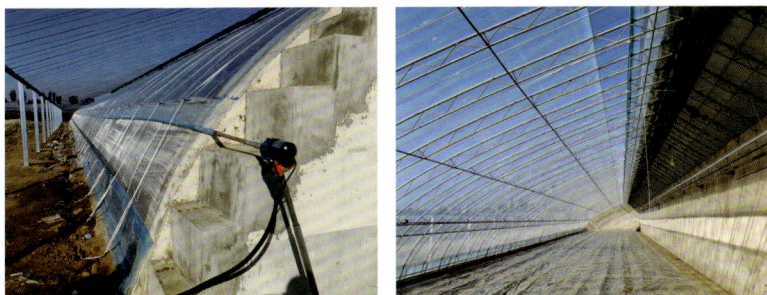

底部风口通风　　　　　　　　　顶部风口通风
图5-24　温室顶部、底部风口通风

（二）操作方法

冬季日光温室生产在早晨保温被卷起后，室内温度不再下降，相对稳定时打开通风口，引入新鲜空气，通风口开放程度和通风时间要根据室内温度和天气情况灵活掌握。中午温度较高（超过25 ℃）时，应加大通风量，通风口全开。下午温度开始下降时（约15：00后），应逐渐减小通风量，关闭通风口。夏季温室通风是主要降温手段，棚室的风口应全部打开，开启循环风扇和排气扇。

通风操作与棚内的温度和湿度条件密切相关。通常，当温度低于15 ℃时，应减少通风量，防止温度过低对百合生长造成不利影响。温度在15~25 ℃时，按照正常通风时间和风量进行通风。温度高于25 ℃时，应增加通风量和通风时间。当空气湿度高于80%时，加大通风量，降低湿度，防止病害发生。湿度低于50%时，应适当减少通风量，保持一定的空气湿度。

七、株型管理

（一）拉支撑网

切花百合作为商品，不但在花色、花形及花瓣的质感等方面有要求，还要求茎秆粗壮、坚实、挺直，并有一定的长度。优质的切花百合，茎秆长度要达到85厘米以上。由于切花百合植株较高，花蕾多，现蕾后重心偏高，头重脚轻，因此生长过程中需及时架设支撑网（或线绳），防止出现弯曲甚至倒伏现象（图5-25）。具体做法是：在栽培畦（床）的两端设固定支撑立柱，立柱钉入地下，露出地面以上部分高1.0~1.2米，直立，钉入地下的深度以支撑网拉紧后立柱不发生弯曲或者位移为准。立柱强度要足够，材料可以选用φ25毫米或φ32毫米铁管，或者木杆。将支撑网裁成与栽培床相同长度，两端分别固定在特制挡板上，挡板挂在苗床两端的支撑立柱上，将支撑网拉紧，苗床中部按照一定间距增加辅助支撑杆，使网眼充分张紧，网眼以10厘米×10厘米或12厘米×12厘米为宜。百合株高达到20厘米时就要架设支撑网，将百合植株上部放入相应的网眼中，使植株保持直立；随着植株不断向上生长，支撑网随之上提，始终保持距生长点20~30厘米的高度，以保证植株始终处于直立生长状态。

图 5-25　拉支撑网

（二）疏蕾

百合花序多为总状花序，种球周径越大，花蕾数越多。切花用商品种球周径一般在 14 厘米以上，花蕾数最多的可达 10 个以上。为了使产品达到最佳的观赏效果和方便运输，需要去除多余的和发育不良的花蕾，保留发育良好、长势均匀一致的 4~5 个花蕾。疏蕾（图 5-26）越早越好，最晚在花蕾发育到 3 厘米之前进行，过晚易造成伤痕，影响美观。

图 5-26　疏蕾

（三）花柄长度和节间控制

切花百合花序轴和花柄的长短影响百合花朵的空间分布：花序轴、花柄过长，百合花朵分散，影响美观；花柄过长增加了切花包装的难度，包装时容易折损花枝，降低切花价值（图5-27）。生长延缓剂能够抑制赤霉素生物合成，可以矮化植株、增加茎粗、缩短节间，故在切花百合上主要用来抑制株高，缩短花柄长度。施用方式主要有灌根、叶面喷施、拌入土壤、栽植前浸泡处理等。不同百合品种对不同激素种类、使用浓度、应用环境的反应不同，产生的控制效果不同。如果激素使用不当，会产生负面影响，降低花卉品质。实际使用激素时，一定要先做预备实验，明确使用效果，掌握科学配方和使用方法后再大面积应用。

花柄过长 花柄长度适宜

图5-27 不同花柄长度

八、花期调控

花期调控是百合鲜切花生产管理的重点之一。百合鲜切花价格与上市时间密切相关，波动很大。目前，我国百合鲜切花消费主要以节日消费为主，通常情况下节日前需求量激增、价格暴涨，节日后需求量锐减、价格骤降。切花上市时间差一天，经常会出现一枝花价格相差几元甚至几倍的情况。所以在种植前进行充分的市场调研，全面细致地掌握某一时间段种球供应情况、田间栽种情况，预判未来一段时间价格走势，计划好鲜切花上市时间，在种植过程中根据植株生长情况、市场变化情况随时采取措施对花期进行人工调控和干预，使鲜切花精准上市，实现利润最大化，是每个种植者应研究的重点。

花期调控的具体方法因百合品种、种植地区、目标花期等因素不同而不同。在实际应用中，需要综合考虑各种因素，制定科学的花期调控方案，以起到理想的花期调控效果。花期调控通常从以下6个方面入手。

（一）品种调控

不同杂种系、不同品种的百合，从种植到开花的天数不同。东方百合及OT百合杂种系生长期多为12~18周，少数为19~20周。亚洲百合杂种系生长周期多数在9~12周，少数可达13~15周。铁炮百合杂种系生长周期多数在12~17周。LA百合杂种系的生长周期部分类似于铁炮百合杂种系（12~17周），部分类似于亚洲百合杂种系。'木门''竞争'等生长周期为11~14周，'索邦''西伯利亚'等生长周期为14~18周。生产实践中，应依据切花计划上市日期、当地的气候和环境特点选择适宜品种，通过选择不同类型品种，可以实现切花时间上的差异，减少集中上市带来的风险。

（二）播期调控

通过播种时间来调控切花上市时间操作简单，花期调控时间跨度大，是当前应用最广泛、最有效的措施。百合种球解除休眠后，在光照、温度等环境条件基本相同的情况下，从定植到切花的天数在一个相对稳定的范围内。生产中，将解除休眠的种球放在冷库中冷冻储存，抑制其萌发，根据切花日期倒推，计算好定植日期，到达定植日期后将种球从冷库中取出定植，给予合适的光照和温湿度条件，辅以科学的栽培管理技术，就可以实现按照计划日期出花。通过播期调控可以实现周年上市销售。

（三）温度调控

温度调控是切花百合花期调控的有效措施之一，通过科学的调控可以使切花上市时间提前或者延后15~30天，甚至更大的时间范围。温度调节操作简便，在一定范围内，也较其他调节手段风险低，不会损害花蕾及整体品质。如果希望切花提早上市，应适当提高棚内温度。最好在生长后期提升温度，过早提高夜间温度，会使百合茎秆变软。相反，如果想推迟上市，就应降低棚内温度，白天和夜间都要降低，可以从生长前期就开始降低温度。不论是提高温度还是降低温度，都应缓慢调节，切记不可短时间内大幅度升温和降温，以免造成叶烧、落蕾等问题。一定要注意，温度调控的范围不能超过百合能耐受的极限值，否则会造成高温灼伤或者低温冷害、冻害等问题，严重影响切花质量。

（四）光照调控

光照调控主要包括光照时间和光照强度。百合喜光，但不耐强光，光照是影响其开花的重要因子。在一定范围内增加光照可明显改善百合植株生长，抑制徒长，促进花芽分化，使百合提早进入生殖生长，提前开花，提高开花的整齐度和切花品质。

1. 光照时间调控

白昼与黑夜交替出现的现象称为光周期。白昼和黑夜的长短直接影响许多植物的花期。长日照处理会使百合花期提前，短日照处理会使百合花期延后。夏季日照时间长，百合生长期短；冬季日照时间短，百合生长期长。冬季切花生产在夜间给予2~4小时的补光，可以使切花提前10~20天上市。

2. 光照强度调控

百合喜光，但不耐强光，适宜的光照强度（3万~5万勒）有利于百合的生长发育。光照强度过强时，需要适度遮光，百合前期营养生长阶段，光照强度可以适当弱一些，以促进茎的伸长，保证切花高度。现蕾后要适当增加光照，光照强度不足容易导致花蕾脱落。尤其是在阴天、雨天、雪天等弱光条件下，白天也要进行人工补光。

（五）水肥调控

浇水施肥也可以调控开花时间。生产中，经常把水肥和控温结合起来，进行花期调控。计划提前上市，可以增加浇水量、施肥量，增施磷钾肥，同时提升温度；计划延后上市，可以减少浇水量、施肥量，少施磷钾肥，同时降低温度。但减少浇水量必须十分小心，一是要避开花芽分化和现蕾期，因为这段时期百合对水分波动十分敏感，容易引起消蕾和落蕾，一般减少浇水量应选在花蕾即将透色的时期；二是水分减少必须小幅度、逐步进行，以免引起根系损伤，并影响植株正常开花。

（六）植物生长调节剂调控

植物生长调节剂是一种人工合成、具有植物激素活性的物质，从外部施入，经植物吸收进入体内，从而达到调节植物生长发育的目的。

但是植物生长调节剂对花期的调控机理十分复杂，在百合上的调控效果与环境条件、生长时期、生长状态密切相关，结果差别较大，施用技术还有待进一步研究总结。

🍀 第四节　基质栽培

基质栽培是一种新型的栽培方式，其核心在于使用特定的基质替代传统土壤，为植物根系提供良好的支撑、通气和保水保肥条件。对于百合而言，选择合适的基质至关重要。

一、基质选择

理想的百合栽培基质应具备良好的透气性、保水性，具备一定的结构强度和肥力。根据基质种类不同，可分为有机基质、无机基质、复合基质。有机基质栽培是指用泥炭、稻壳、秸秆、椰糠、锯末、菇渣等有机物作为基质的无土栽培方式。无机基质栽培是指用珍珠岩、蛭石、沙子、浮石、炉渣、陶粒等无机物作为基质的无土栽培方式。复合基质栽培是指把有机基质、无机基质按照一定比例混合形成复合基质的无土栽培方式。复合基质可以改善单一基质理化性质，增进使用效果。百合栽培常用于配制基质的原料主要有以下 10 种。

（一）泥炭

泥炭，又称草炭，是全球园艺生产中使用最多的人工基质组分之一。泥炭富含纤维和腐殖酸，且含有多种矿质营养元素。其中，纤维可增加基质孔隙度。而腐殖酸是大分子物质，当基质中含纤维和大分子物质较多时，它可以吸附大量营养元素；当养分含量下降时，它又可将吸附的离子释放出来，供根系吸收。衡量泥炭和其他基质组分"保肥能力"的标准是"阳离子交换力"（cation exchange capacity，CEC），单位为毫克当量/100 厘米^3。泥炭孔隙度极高，一般都在 85% 以上，因此透气和持水能力很强。东方百合对盐分、pH 值及营养成分的要求较严格。泥炭含盐量应在百合容许范围内，pH 值呈中性，且营养丰富，对百合生长不利的氯离子含量远比土壤中的低。

干燥的泥炭能吸附自身重量 15~20 倍的水分。全球储藏量较大、品质较高的泥炭矿多分布于北美和北欧地区，如加拿大、丹麦等地。我国东北三省和内蒙古等地也有丰富的泥炭矿。不同埋藏深度的泥炭的品质不同，分为高位、中位、低位 3 种，其中高位泥炭比较适合园艺生产使用。瑞典人按照埋藏深度不同，将泥炭分为 H_1~H_{10} 共 10 个等级，最上层为 H_1，最底层为 H_{10}，其中 H_3~H_5 层位的泥炭最适合园艺生产使用。

（二）稻壳

经发酵或炭化的稻壳均可用于配制栽培基质。稻壳不但孔隙度高，且含有一定的氮、磷、钾、钙等营养元素。炭化稻壳（又称炭化砻糠）总孔隙度高达 86.7%，容重约为 0.1 克/厘米^3。炭化的稻壳一定要经过水洗方能使用，否则 pH 值过高，会对作物造成危害。

（三）秸秆

很多农作物的秸秆经过粉碎、发酵以后，都可以用作配制无土栽培基质。其优点在于质轻、松软，有机质含量高，同时含有一定的营养元素。值得注意的问题是，秸秆的碳氮比（C/N）较高，这会使施入基质中的氮元素被固定，导致作物发生缺氮症状。因此，在发酵时，一定要在秸秆中加入一些氮肥。秸秆用作无土栽培基质的另一个缺点是，长时间使用会因部分物质分解而引起基质体积收缩，有时需要中途添加新基质。

（四）椰糠

很多热带和亚热带地区盛产椰子，如我国的广东、海南，以及东南亚地区。椰子壳外面的棕状皮层经加工以后（称为椰糠）

是极好的无土栽培基质原料。椰糠的加工主要是粉碎、除盐，尤其是生长在海边的椰子，壳中含有较多的 Na^+ 和 Cl^-，需用水浸泡清洗后，方能作为栽培基质使用。椰糠质轻松软，孔隙度高，透气透水性好。

（五）珍珠岩

珍珠岩是由火山岩颗粒在 1000 ℃ 以上的高温下膨胀而成的。珍珠岩比泥炭还要轻，原为建筑用保温材料，通常容重仅为 0.03~0.16 克/厘米³。由于表面粗糙，因此，在掺入基质以后，形成较多的大孔隙，有效增加基质透水性。珍珠岩常含有碱金属离子，使用前必须用清水冲洗干净，否则会对作物产生影响。珍珠岩中氧化钠（Na_2O）含量超过 5% 时，不宜用作园艺基质。珍珠岩颗粒有粗细之分，作为百合栽培基质的原料组分，宜用较粗的颗粒。珍珠岩是惰性物质，对基质 pH 值及其他化学性质不产生影响。

（六）蛭石

蛭石为云母类次生硅质矿物，为铝、镁、铁的含水硅酸盐，由一层层薄片叠合构成。其质地轻而多孔隙，有良好的透气性、吸水性及一定的持水力。蛭石的容重很小，能提供一定量的钾，少量的钙、镁等营养物质。蛭石可用作土壤改良剂，由于其具有良好的阳离子交换性和吸附性，可改善土壤的结构，储水保墒，提高土壤的透气性和含水性。蛭石还可起到缓冲作用，阻碍 pH 值的迅速变化，使肥料在作物生长介质中缓慢释放。园艺上用它作育苗、扦插或以一定比例配制混合栽培基质，效果较好。无土栽培用蛭石的粒径应在 3 毫米以上。

（七）沙子

在基质中加入沙子主要是为了增加基质的透气、透水性和重量。根据生成沙子的岩石不同，可分为钙质沙和硅质沙，前者常显微碱性，后者常显微酸性。通常沙的粒度为 0.5~3.0 毫米。建筑工程上按照沙子颗粒大小，分为粗沙、中沙和细沙，配制基质常用的是中沙和细沙。由于沙子很重（容重约为珍珠岩的 50 倍），在配基质时不能占过多的比例，一般不超过 20%（体积分数）。

（八）浮石

浮石，又称火山岩、火山灰，是火山喷发凝聚的产物。其孔隙度较低，但大孔隙多，保水性差，排水良好；颗粒强度好，结构稳定。浮石有白色、红褐色和黑色等。使用前，需先进行化验，若含碱性物质较多，则要进行清洗。我国内蒙古自治区和山西省（北部）有丰富的浮石储量，山西省大同地区的浮石多为黑色，且偏碱性，pH 值在 8.5 以上，在使用前需先除碱。以色列在戈兰高地采挖浮石以用作花卉无土栽培基质，取得良好效果。那里的百合，通常使用 V（泥炭）：V（浮石）= 1：1 进行栽培。

（九）炉渣

将炉渣用于配制栽培基质，是一项很好的废物利用的措施。炉渣孔隙度较高，在基质中可占 50% 或更高的比例。但炉渣用于栽培基质，一定要经过粉碎、过筛，使粒度适合基质要求。此外，在使用前，必须用清水将炉渣中的碱金属和碱土金属离子清洗干净，否则会对作物产生危害，尤其是百合。

（十）陶粒

陶粒由黏土颗粒经高温膨胀而成。陶粒很轻，容重为 0.48~0.64 克/厘米³。基质中加入陶粒主要是增加大孔隙度，提高透气和排水性。陶粒的 CEC 值为 3.4~11.8 毫克当量/100 厘米³。在配制百合栽培基质时，陶粒的加入量一般不要超过 15%（体积分数)。

二、基质配制

栽培百合的基质最重要的两点是透气和排水良好，要求基质的孔隙度不低于80%。在满足百合鲜切花需求的前提下，基质可以就地取材，可以一种或多种基质混配，混配的比例灵活多样。之前报道使用效果较好的有 V（泥炭）：V（珍珠岩）=3：1、V（泥炭）：V（珍珠岩）：V（食用菌渣）=2：3：2、V（泥炭）：V（腐叶土）：V（炉渣）=2：3：2、V（泥炭）：V（珍珠岩）：V（沙子）：V（玉米秸秆）=4：2：1：3、V（蛭石）：V（泥炭）=1：1、V（泥炭）：V（蘑菇渣）：V（珍珠岩）=4：3：3、V（泥炭）：V（河沙）：V（珍珠岩）=4：3：3、V（泥炭）：V（蛭石）：V（珍珠岩）：V（麦秆）=5：1：2：2等。泥炭与珍珠岩混配基质见图5-28。

图5-28　泥炭与珍珠岩混配基质

无土栽培基质种类非常多，要根据不同品种来选择合适的基质，同时应考虑基质成本及不可再生资源等问题。例如，泥炭市场价格偏高，且是不可再生资源，进一步研究替代泥炭且成本较低的新型基质具有重要意义。

三、基质消毒

基质在长时间使用后，尤其在连作的情况下，会聚集病菌和虫卵，因此必须消毒处理。一般栽培一茬作物后，重新使用基质前应严格消毒。常用的消毒方法有蒸汽消毒和化学药剂消毒。

（一）蒸汽消毒

蒸汽消毒即将基质装入封闭的柜内或设备内，用通气管输入蒸汽进行密闭消毒，使基质温度达到 70 ℃以上，并稳定维持这一温度 40 分钟以上。此方法绿色环保，消毒效果好，安全可靠；缺点是需要专用设备，成本高，操作不便。

（二）化学药剂消毒

化学药剂消毒是指利用一些对病原菌和虫卵有杀灭作用的化学药剂进行基质消毒的方法。常用的化学药剂有甲醛（福尔马林）、棉隆（四氢化-3，5-二甲基-2H-1，3，5-噻二嗪-2-硫酮）、恶霉灵等。

1. 甲醛消毒

40%的甲醛俗称福尔马林，是良好的杀菌剂，但杀虫效果较差。一般将 40%原液稀释 50~100 倍，地面上垫一层干净的塑料薄膜，其上平铺一层基质（约 10 厘米厚），用喷壶按照每立方米基质 20~40 升药量将基质均匀喷湿；接着再铺上第二层，再用甲醛溶液喷湿，直至所有要消毒的基质均喷湿为止；最后用塑料薄膜封闭，1~2 天后去掉薄膜，将基质摊开，暴晒 2 天以上或风干 2 周，直至基质中没有甲醛气味后方可使用。

2. 棉隆消毒

棉隆是一种高效、低毒、无残留的环保型广谱性综合土壤熏蒸消毒剂。消毒前，基质要浇水，使其含水量达到 60%，地面上垫一层干净的塑料薄膜,其上平铺一层基质(约10厘米厚),每立方米基质加入棉隆0.5~1.0千克,用喷壶或喷管洒水,增加基质湿度,使药剂和水分充分接触、混拌均匀。使用厚度不低于0.4毫米的塑料膜密闭覆盖基质,四周压实,确保不漏气(图5-29)。密闭熏蒸15天以上(时间允许可延长熏蒸时间)。熏蒸处理后,揭膜放风7天以上,其间翻动1~2次,确保基质中无毒气残留后方可正常使用。

图5-29 棉隆化学消毒

四、栽培容器

百合鲜切花栽培常见的栽培容器有栽培槽和栽培箱等。

(一)栽培槽

栽培槽即用于装填栽培基质的槽状容器。其可以用砖砌和水泥板搭制或预制、聚苯乙烯泡沫预制,也可以用塑料、地布等材料配以支撑杆简易搭制。种植百合的栽培槽,宽度主要根据制作材料的强度和操作习惯而定,通常为0.5~1.2米,基质填装深度为0.25~0.35米。栽培槽底应做成浅V形,底部沿纵向中心线比两侧低5厘米左右。槽底铺设排水管或做"半瓦垄"型通道。在填充基质以前，先用砾石平铺于栽培槽底部，以便排出的水能顺利地流向中央排水管。为了顺利排水，栽培槽底沿纵向应有一定坡度，大约为0.5%。栽培槽长度可根据栽培地块决定，两槽之间的作业通道为40~45厘米（图5-30）。

图5-30　百合槽式栽培

用聚苯乙烯泡沫板制作栽培槽，可以根据需要设计形状，安装、拆卸方便，但是建造成本较高，目前只是在一些现代化农场应用较多。用塑料膜搭制的简易栽培槽，成本低，安装和拆卸方便，在小型农场应用较多。

栽培槽有离地和贴地两种安装方式。离地安装，可以增强根部通风，有利根系发育，可以避免水涝灾害，但是造价要高一些。由于切花百合株高一般在70~100厘米，使用离地栽培槽种植，应尽量将槽建得低些，以利于拉支撑网、打药、采收等日常操作。贴地栽培槽种植切花，要注意控制浇水量和涝灾发生，要将槽内的栽培基质与外部土壤完全隔离开来，避免土传病虫害的发生。

（二）栽培箱

栽培箱即用底部带有排气透水孔的塑料箱作为种植容器，可以专门订制，也可以利用市场中已有的塑料箱。生产上常用60厘米×40厘米×20厘米（长×宽×高）的百合种球周转箱作为基质栽培箱。箱内衬一层无纺布，防止基质被水冲流失，填入基质，将塑料箱放在20厘米高的空心砖或其他栽培台上，使基质与土壤完全隔离。每个塑料箱可以种植百合8~12株（图5-31）。以栽培箱为最小模块单元，搬运灵活，操作简单，省工省力，生产成本低，可以广泛推广应用。

图5-31　百合箱式栽培

五、营养供给

百合鲜切花栽培基质不含或含有少量营养物质，栽培过程中的营养供给主要依靠人工施肥（基肥和营养液）。除了定期对基质和营养液进行营养成分分析，还要经常仔细观察作物的形态表现，以便提早发现问题，并及时处理。

营养液是无土栽培的基础和关键。配制营养液前，首先要了解植物吸收营养的特点。从根本上来讲，植物形成自身的原料都来源于叶片的光合作用和根系吸收的水肥，其中植物所需的矿质营养必须是呈溶解状态才能被根系吸收。也就是说，植物所吸收的仅仅是纯的营养元素和溶于水的小分子化合物。无土栽培所用的营养液，其中的营养元素也不是全部被吸收，部分不能被吸收的元素会遗留在残液中。

（一）营养液配方组成原则

（1）营养液必须含有植物所需的全部元素。不同植物、不同品种或同一植物的不同生育时期，各种营养元素需求量有很大差异，所以在选配营养液时，要了解各类植物及不同品种各个生育阶段对各种必需元素的需求量，据此确定营养液的组成和比例。

（2）营养液中各种元素必须处于可被根系吸收状态。矿质元素只有溶解于水中并呈离子状态，才能被植物根系吸收。

（3）营养液中各种营养元素含量要均衡。植物根系对营养元素的吸收有选择性，根系吸收的离子数量同溶液中的离子浓度并不成正比关系。营养液中各种营养元素的数量比例应符合植物生长发育的需要，并做到均衡供应。

（4）营养液中各种元素应具有较好的稳定性。在栽培过程中，营养液中的各种化合物应长时间保持其有效状态，不应因营养液的氧化、根系的吸收及离子的相互作用而在短时间内降低其有效性。

（5）营养液总盐浓度适宜。根据对无土栽培的研究结果，用渗透压表示营养液的浓度，其范围一般在50.66~151.50千帕，适宜的浓度为90.9~151.5千帕，相当于0.4%~0.5%的总盐分含量。

（6）营养液的酸碱度要适宜。任何一种植物都有一个适宜的pH值范围，要求营养液在使用过程中pH值相对稳定。

（二）营养液配方

营养液配方不是一成不变的，需要根据百合生长阶段、生长状态做出调整。百合定植后，用清水灌溉，株高达到10~15厘米、茎生根形成后，才开始在灌溉水中加入肥料。如果在配制基质时已加入了足够量的磷肥，那么在灌溉水中只需加入氮、钾肥。可自行配制25-0-25的复混肥料，首次灌溉浓度为每100升水加250克肥，以后每次灌溉的肥料浓度以氮含量计算为200毫克/千克，或者直接用25-0-25的复混肥，每100升水加250克肥，每周灌溉1次。对于东方百合杂种系，在此配方的基础上适当提高钾含量，效果会更好。

通过多年实践总结出，东方百合基质栽培在植株展叶后，每亩追施 m（N）：m（P_2O_5）：m（K_2O）= 20：10：20 水溶性复合肥 5 千克，15~20 天施肥 1 次，整个生长期施肥 4~5 次；每亩施硝酸钙 4 千克、螯合铁 1 千克，共施 2~3 次；生长期每 15 天叶面喷施一次 0.3% 磷酸二氢钾，百合鲜切花品质较好。

🍀 第五节　多茬栽培

传统的栽培方式是一粒种球只生产一枝切花，切花后的种球作为废物扔掉。多茬栽培是指充分利用百合是多年生球根花卉的特性，在切过一茬花后，保留其种球，通过特定的技术处理和环境调控，使其实现两茬甚至多茬商品切花的栽培方式（图 5-32）。百合种球成本占切花生产总成本的 70%~80%，近年来受荷兰等百合种球产地气候条件变化、贸易环境改变等因素影响，进口种球价格居高不下，且不断上涨，国内百合种植的风险不断增加。通过多茬栽培，种植者购买一次种球可连续多茬产花，能够有效降低种球购买成本，降低种植风险，实现经济效益最大化，具有良好的应用价值和现实需求。多茬栽培重点要做好以下 4 个方面工作。

一、品种选择

要选择适应性强、多次开花商品率高的百合品种。东方百合杂种系品种'索邦''西伯利亚'抗性较弱，二茬花长势和优质品率较低，对环境条件和管理水平要求高，尽量不要选择这两个品种。OT 百合杂种系品种'木门''竞争''罗宾娜'等抗性

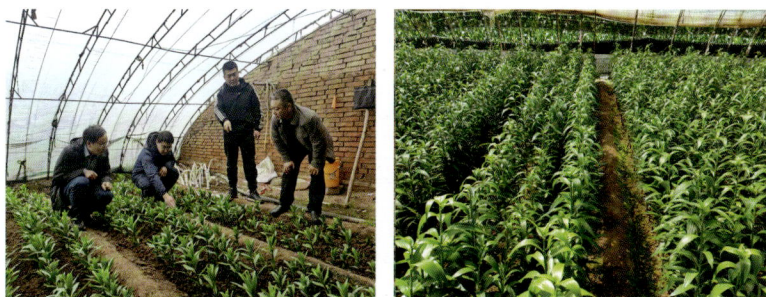

图 5-32 百合第二茬花长势

强，对环境条件适应性好，二茬和多茬栽培种球发育饱满，能够保持较高的成花率，切花质量较好，建议选择作为多茬栽培品种应用。

二、种球选择

切完花的种球在决定是否用于多茬栽培前，要从地里挖出，抽样检查质量。当年新形成的鳞茎新鲜饱满、鳞片紧实完整、无病虫、基盘主根粗壮数量较多、周径 16 厘米以上的种球为优质种球，可用于多茬栽培。原地多茬栽培，要先抽样调查优质种球数量百分比，优质种球数量低于 70% 的，不建议原地多茬栽培。可以将种球全部挖出，淘汰掉不合格的种球，将挑选出的优质种球通过技术处理后，再异地多茬栽培。

三、种球处理

（一）养球

确定多茬栽培后，上一茬切花采收时，在不影响销售品质的前提下尽可能保留 15~20 厘米甚至更高的带叶茎秆，保留绿色叶片越多越好（图 5-33）。切花结束后，将田间枯枝烂叶清理干净，喷一遍杀菌杀虫药剂，对棚室进行一次彻底的消毒，浇透水一次，按照切花栽培的温湿度正常管理 30~45 天，使绿叶通过光合作用制造的营养传输至种球，促进当年形成的新球紧实膨大。

图 5-33　切花后留茬养球

（二）低温处理

养球结束后，可以通过白天覆盖保温被闭光、夜间将保温被卷起的方法将棚室内温度降至 0 ℃左右，并保持 1~2 周，使植株地上部分受冻枯黄，营养充分回流种球。地上部分充分枯萎后，进入低温解除休眠阶段，原地多茬栽培可以保持棚室内-2~2 ℃低温处理 60~90 天，使种球彻底打破休眠。也可以将种球挖出，筛选剔除不合格种球，将优质种球消毒后放入冷库 2 ℃低温处理 60~90 天，使种球打破休眠。冷库处理可以对种球进行优选，还可以根据种球休眠解除进度调整储存温度，使解除休眠的种球处于冷冻状态，抑制其萌发，按照计划出库种植，既能提高下茬花的优质品率，又能减少种球占地时间，提高温室利用率。低温处理优势明显，逐渐成为多茬栽培优选的种球处理方式。

四、升温管理

原地栽培的种球休眠解除后，为了抢早上市，需要马上升温，但要注意分阶段、分步骤地将温度调整至百合正常生长范围，不能骤然升温，然后按照切花要求进行正常田间管理（见本章第三节内容）。

冷库处理的种球休眠解除后，如果不想马上种植，可以将库温调至-2 ℃，使其保持冷冻状态，按照计划出库定植，定植后的管理同本章第三节内容。

🍀 第六节　百合连作（重茬）障碍及解决措施

百合连作障碍是指在同一块土地上连续多茬种植百合后，出现一系列不利于百合生长、发育和产量品质下降的现象。其具体表现为土壤理化性状恶化，如土壤肥力下降、酸碱度失衡、结构变差等；土壤微生物群落结构改变，有益微生物减少，有害微生物增多；病虫害加重，由于病原菌和害虫在土壤中的积累，导致百合更容易受到侵害；植物自身的化感作用，即百合植株分泌的化学物质对自身生长产生抑制。这些因素综合作用，使百合在连作条件下生长不良、产量降低、品质变差，给百合种植和生产带来较大危害。

一、百合连作障碍发生的原因

（一）土壤养分失衡

土壤是切花百合吸收养分的来源，土壤的营养平衡则是保证切花百合茁壮成长的首要因素。连作使百合在生长过程中大量吸收土壤中同一种营养元素，使得此种营养元素在土壤中的含量持续下降，造成土壤养分偏耗，最终破坏土壤的营养平衡，使百合得不到正常生长发育所需养分，从而长势变弱，对田间病虫害的抵抗力下降，严重影响切花百合品质。

（二）土壤微生态失衡

长期连作会改变土壤中的微生物群落结构和功能。有益微生物的数量减少，而有害微生物逐渐增多，导致土壤微生态失衡，引发病虫害的滋生和传播，增加百合患病风险。研究表明，相比于非根际土壤的微生物而言，根际土壤微生物数量与种类更多，此种现象学界称作"根际效应"。百合连作使得土壤中的微生物群落难以形成共生和对抗的关系，使得危害百合生长的腐霉菌、丝核菌、镰刀菌等得以逐年累积，提高了切花百合感染病害的概率。

（三）自毒物质积累

某些植物会经由地上部淋溶、根系分泌及植株残茬腐解等途径释放某些物质，对同茬或下茬的同种或同科植物生长起到抑制作用，这种现象称作自毒作用，属于化感作用的一种表现形式。尤其是植物根系分泌物所产生的化感作用，是导致连作障碍的主要原因之一。根际土壤中的酚类物质作为与植物化感作用相关的一类次生代谢物，属于造成连作障碍的主要自毒物质之一。这类物质能够破坏土壤中非生物因子和生物因子之间的平衡，进而抑制作物的生长。自毒物质的种类会随着连作年限的增加而增多，主要包含2，3-丁二醇、间苯二甲酸二辛酯、邻苯二甲酸2，2'-亚甲基双-（4-甲基-6-叔丁基苯酚）及对苯二甲酸二辛酯等。4-乙烯基愈创木酚、邻苯二甲酸、2，4-二叔丁基苯酚等自毒物质均能够增强致病菌的侵染能力，使百合发病率上升，严重影响百合正常生长。

（四）病虫积累

连作使特定的病（毒）虫在土壤中不断积累和繁衍。害虫的卵、幼虫及病原菌等在土壤中越冬或长期存活，增加了百合遭受病虫侵害的概率和危害程度。

（五）土壤物理性质恶化

连续种植可能导致土壤板结、通气性和透水性下降，影响根系的呼吸和对水分、养分的吸收，进而影响百合生长。

二、解决措施

（一）合理轮作

合理轮作是应对切花百合连作障碍的有效策略。在众多轮作作物中，水稻与切花百合的轮作优势显著。因为水旱轮作的方式能够大幅度降低土壤中病原菌的基数，从而显著减轻病虫害发生的可能性。而且，种植水稻时，对大田的精耕细作能够极大地优化土壤的理化性状，使土壤团粒结构更加合理，这无疑是改良土壤、培肥地力的绝佳途径。同时，水稻种植便于设施内小型机械化作业，这不仅能节省人力、减轻劳动强度，还降低了成本，进而提高了收益。

对于没有灌溉条件的地区，印度豇豆、大豆等豆科作物及玉米等禾本科作物与切花百合的轮作组合是较为理想的选择。印度豇豆茎叶繁茂、根系发达，能够产生大量根瘤菌，有效改善土壤生态环境，抑制杂草生长，对土壤改良益处颇多。笔者团队经过多年实践研究发现，百合与色素万寿菊轮作能够有效抑制百合土传病害的发生，相关机理还有待进一步研究解析（图5-34）。

连作土壤   万寿菊轮作土壤

图5-34　轮作效果对比

（二）土壤改良，改善种植地理化性状

采取测土配方施肥、平衡施肥的方法。针对土壤肥力情况，设计施肥方案，补偿连作导致的营养元素流失。增施腐熟有机肥或用作物秸秆、稻壳、山皮土、泥炭、菇渣等来改良土壤结构是解决有机质缺乏和土壤板结的重要措施。

（三）微生态环境改善

微生态环境的改善对于解决农业生产中的连作障碍具有重要意义。其中，施用拮抗微生物制剂能够增强根系的生长活力，为植物的生长提供更有力的支持。木霉菌等益生菌的施用能够提升宿主植物对土壤水分、营养物质的吸收效率，从而全方位地促进宿主植物的生长发育，增强其在盐胁迫、干旱、重金属污染等不利环境下的生存能力，同时提高抗病能力。

施用有益菌肥是改善微生态环境的有效手段。土壤中有益微生物和抗病因子增多，能够有效抑制土传病害，重茬作物的病情指数也会随之下降。连续多年施用有益菌肥，可以有效缓解连作障碍，为农业可持续发展创造有利条件。

（四）土壤消毒

对连作障碍较轻的地块，可用恶霉灵和杀虫剂对土壤进行消毒，具有广谱、治疗和保护作用，成本投入较低。对连作障碍严重的地块，每年可采用棉隆或威百亩熏蒸消毒一次，具体做法见本章第一节内容。

第六章 鲜切花采收及采后处理

作为即将进入市场的商品，百合鲜切花的采收及采后处理同栽培过程中的技术措施一样重要。这一点，容易被初学者忽视，从而造成不可挽回的经济损失。

🍀 第一节 鲜切花采收

百合鲜切花种类繁多（图6-1），不同百合品种在生长习性及贮运技术上存在明显差异。一般来说，可以根据鲜切花生产区域的气候条件、运输条件、运输距离和使用目的等进行适时采收。因此，鲜切花是否达到采收标准应根据其品种特性和实际需要决定。

图6-1 鲜切花百合

一、采收标准

（一）质量要求

鲜切花产品质量因素通常包括自身因素和外在因素 2 个方面。其中，自身因素又分为外观特性与内在特性。对于百合来说，外观特性主要是指其花色是否纯正、鲜艳、有光泽，植株茎秆是否粗壮、有韧性，并达到一定的高度，采收时花蕾的数量和开放程度是否达到所需等级标准；内在特性主要是指不同百合品种不同瓶插时间的长短，耐储运方面的适应性，等等。外在因素主要指包装、运输、环境等人为和环境因素对商品质量的影响。

百合鲜切花质量基本要求包括：整体感好，新鲜；无畸形花或花蕾；花枝长度 60 厘米以上；花枝上至少有 3 个可开花蕾；茎秆挺直；叶片无明显的焦尖、黄化或畸形；无明显病虫害症状；开花指数 2~4 度，且 60% 以上花枝的开放程度基本一致；经采后保鲜处理；等等。

（二）开花指数分级

开花指数分级以花蕾着色程度为判断依据。百合花蕾着色过程见图 6-2。

图 6-2　百合花蕾着色过程

《东方百合切花等级》（GB/T 41200—2021）和《百合切花等级规格》（NY/T 3706—2020）根据花蕾发育过程，将百合切花开花指数分为 5 度，具体见表 6-1、图 6-3、图 6-4［引自《百合切花等级规格》（NY/T 3706—2020）］、图 6-5。

表 6-1　百合鲜切花开花指数分级

描述	开花指数				
	1 度	2 度	3 度	4 度	5 度
内容描述	花苞已发育完毕，但未显色	基部第 1 朵花苞已经转色，但未充分显色	基部第 1~2 朵花苞充分显色且膨胀	基部第 1~2 朵花苞充分显色和膨胀，且花苞顶部已绽开	基部第 1~2 朵花苞已开放
采收适宜程度说明	成熟度过小，开花后花色不良，开花数减少，品质低下，为不适宜采收阶段	适宜夏秋季远距离运输销售	适宜冬春季远距离运输和夏秋季近距离运输销售	适宜冬季近距离运输和就近批发销售	成熟度过大，运输、销售过程中花瓣容易受伤，不适宜运输，仅适宜就近销售

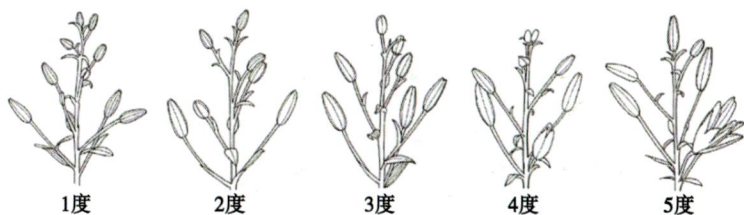

图 6-3　亚洲百合鲜切花 1~5 度开花指数图解

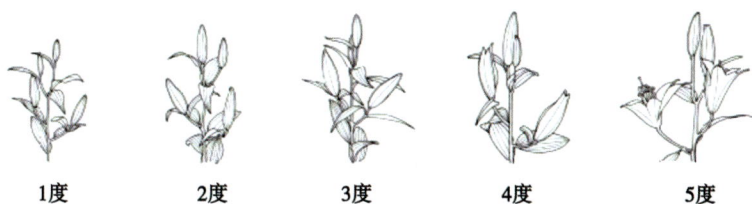

图 6-4　东方百合鲜切花 1~5 度开花指数图解

1 度　　　　　　　　2 度　　　　　　　　3 度

4度    5度

图6-5　东方百合鲜切花1~5度开花指数图解（实物图）

二、采收

（一）采收时机

为了使终端消费者能够得到满意的产品，让鲜切花有较长的瓶插观赏期，鲜切花生产者在百合花蕾即将成熟时，选择适当的时机进行采收是百合鲜切花生产中十分重要的环节。采收过早，会导致花开放后的颜色变淡，甚至会出现部分花蕾不能开放。采收过晚，有些花蕾已经开放，会导致采后处理及运输等方面出现问题。例如，已经开放的花朵在存储过程中会有乙烯生成，对尚未开放的花苞有催熟作用，极大缩短切花贮藏期，同时花朵开放后花粉会污染花瓣及周边的花蕾，降低商品品质，影响销售数量与价格。百合种植大棚鲜切花采收见图6-6。

通常情况下，花蕾开放度在2~4度为适宜采收期，实际生产中可根据不同品种的花蕾数、瓶插后花蕾的开放情况、采切季节及气温、运输距离等进行调整。单枝花蕾数少、瓶插期易开放的品种及夏季气温高时，宜早一点采收；单枝花蕾数多、瓶插不易

图 6-6　百合种植大棚鲜切花采收

开放的品种及冬季气温低时，宜晚一点采收。花苞硬实、开放速度慢的品种可以晚点采收，花瓣较薄、开放速度快的品种可以适当提前采收；运输距离较远（运输时间超过 12 小时）可适当提早一点采收，运输距离近（运输时间小于 12 小时）可晚一点采收；夏季高温期可提前一点采收，冬季温度低时可适当晚一点采收，采收的准确时机还需鲜切花生产者在实践中自行摸索确定。

一天中百合采收时间最好是在清晨或傍晚气温较低时进行，植株体内生理代谢和蒸腾作用维持在较低水平，不易失水。鲜花采收后在大棚内放置时间应控制在 30 分钟以内，防止植株因蒸腾作用而导致其水分缺失，影响切花质量。

（二）采收方法

采收工具一般使用枝剪或专用小镰刀，工具使用前用 75% 酒精进行简单消毒，减少切口处细菌污染，保持导管对水分的吸收能力，延长切花瓶插寿命。

百合鲜切花采收的花枝长度及切割部位的选择取决于植株的品种特性、高度和对地下鳞茎的处理方式。如果计划留用地下鳞茎，应在保证鲜切花枝条长度的基础上，茎秆高度保留10~20厘米，尽可能多留下部绿叶，这样有利于地下鳞茎的生长膨大。如果植株高度有限，可考虑以下2种采收方式：一种是保证鲜切花品质要求，切取足够长的枝条，不为养球留下足够的叶，或根本就无叶片留下（图6-7）；另一种是偏重养球而牺牲鲜切花的品质，缩短切花长度，保留一定数量的叶片（图6-8）。在实际生产中，选择哪种采收方式需要根据实际情况决定。

图6-7 保花弃球

图6-8 留叶养球

采收时最好使用专用的田间运输车运输（图6-9），可以节省人工，减少损耗。采下的鲜切花应立即放入盛有10~15厘米洁净水的容器内短暂保存，每桶装40~50枝。切下的花枝应尽快运回加工处理车间进行预冷、吸水、分级、包装和保鲜。需要注意的是，在采切、装桶、运输过程中，要轻拿轻放，不能损伤叶片、花蕾和花枝。

凌源

荷兰

图6-9　田间运输车

🍀 第二节　采后处理

一、分级加工

采收的切花应在固定场所进行分级整理。分级时，首先要剔除病虫花、残次花，按照每枝花的花蕾数、花茎的长度与坚硬度、叶片光亮度、花蕾颜色等进行分级（图6-10）。

凌源

荷兰

图6-10　分级加工

根据百合花蕾数、花蕾长度、茎秆长度、花色等指标进行分级。笔者团队结合生产实践，对《百合切花等级规格》（NY/T 3706—2020）中的分级标准进行了改进，制定了多头百合鲜切花质量分级标准，见表6-2。

表6-2 多头百合鲜切花质量分级标准

项目	一级	二级	三级
整体感	整体感、新鲜程度极好，具有该品种特性	整体感、新鲜程度好，具有该品种特性	整体感、新鲜程度较好，具有该品种特性
花蕾数	花蕾数不少于3个	花蕾数不少于2个	花蕾数不少于1个
花形	完整，花朵饱满，无损伤	完整，花朵饱满，花瓣外缘可有轻微的瑕疵	花瓣外缘可有轻微损伤
花蕾长度	长度不小于10厘米，长，或能够充分展示品种特性	长度为7~10厘米，中，或能够展示品种特性	长度不大于7厘米，短，或未能展示品种特性
花色	纯正有光泽，无变色、褪色等现象	良好，无变色、褪色等现象	良好，略有变色或褪色
茎秆	茎秆挺直，高度85厘米，各花梗均匀分布、自然挺直。铁炮百合与主枝的下夹角不大于90°	茎秆挺直，高度70~85厘米，各花梗均匀分布，略有弯曲。铁炮百合与主枝的下夹角不大于90°	茎秆略有弯曲，高度60~70厘米，各花梗分布稍不平衡，略有弯曲。铁炮百合与主枝的下夹角小于90°
叶	分布均匀，叶色正常，叶面清洁、平整	分布较均匀，叶色正常，叶面稍有污迹	分布稍不均匀，叶片有轻微褪色，叶面有少量残留物

表6-2(续)

项目	一级	二级	三级
病虫害	无肉眼可见的病虫危害痕迹	花部无病虫危害痕迹，叶部可有轻微的病虫危害斑点	有轻微的病虫危害斑点
缺损、冻害及灼伤	无缺损、冻害及灼伤	花部无缺损、冻害及灼伤；叶部有轻微缺损、冻害及灼伤	花部无冻害、灼伤，可有轻微缺损；叶部可有轻微缺损、冻害及灼伤
整齐度	每扎花最长花枝与最短花枝的差距不超过2厘米；开花指数偏离允许度不超过5%	每扎花最长花枝与最短花枝的差距不超过4厘米；开花指数偏离允许度不超过15%	每扎花最长花枝与最短花枝的差距不超过5厘米；开花指数偏离允许度不超过25%

　　叶片光亮度、叶色、病虫害等可以目测分级；茎秆硬度选择用手握住植株最下部，花头向上，轻微左右抖动，观察植株与地面的垂直角度和植株的弯曲度来分级。

　　分级完成后，同一级别的花按照要求截成一定长度，去掉下部10厘米左右的底叶，10枝一束，根部对齐，用橡皮筋或者细绳捆扎结实，套上专用塑料袋，放入清水中吸水，等待下一步处理（图6-11）。

二、保鲜

　　鲜切花离开母体后，如何保鲜是重中之重，目前常用的保鲜方法有物理保鲜和化学保鲜。

　　（一）物理保鲜

　　物理保鲜主要是通过调控环境条件来达到保持鲜花活性、延长观赏时间的目的。影响百合鲜切花保鲜效果的环境因素有很多，如温度、湿度、气体成分等。鲜切花采收后应尽快放入冷库中，在 4~6 ℃条件下吸水预冷处理 2~4 小时（图 6-12），释放田间热，减弱呼吸作用，使植株充分吸水，最大限度降低自身养分和能量的消耗。然后将百合从水中捞出，表面水分擦干，在 1~3 ℃、相对湿度为 90%~95% 条件下冷藏。应尽量减少贮藏室开门次数，以保持室内湿度稳定。低温贮存一般不超过 2 周。

图 6-11　田间分级

凌源　　　　　　　　　　　　荷兰

图 6-12　鲜切花低温吸水处理

随着鲜切花产业的迅速发展，气调技术被认为是目前较为先进且环保安全的保鲜方式。通过在一定低温条件下，按照品种特性和储藏要求有计划地调节储藏室中的 O_2、CO_2 和 N_2 等气体成分浓度比，有利于抑制植株呼吸、减少能量消耗和乙烯的生成，从而达到鲜切花保鲜的效果。相比低温贮藏法，气调法更加科学合理，能够节约投资、减小损耗。

（二）化学保鲜

鲜切花进入低温储藏前，可以在清水中加入适量的预处理保鲜剂，以增强保鲜效果。鲜切花品种不同，选择的保鲜剂也不同，比如亚洲百合的水溶液中可以加硫代硫酸银与赤霉素，但有些类型的百合对硫代硫酸银敏感，应用其他杀菌剂替代。在花卉流通和终端消费环节，花店经营者和消费者都可以在清水中添加保鲜剂，能够有效提升花卉品质和瓶插观赏时间。目前市场上已经有针对百合不同阶段的专用保鲜剂产品，种植者可以按需购买。

需要注意的是，鲜切花采后的温度处理，不管是升温还是降温，都要遵循循序渐进的原则。鲜切花如果在 30 ℃以上采收，若立即储藏在2~3 ℃的冷藏室中，有些品种会在花瓣外围出现褐色斑点，造成冷害，严重影响鲜切花商品性状。这种情况应在冷藏前先在 4~10 ℃下吸水处理 4~8 小时，降低高温对鲜切花的影响，再将温度降至2~3 ℃储藏。如果直接干燥冷藏，会造成花蕾的干枯和开放不彻底。

🍀 第三节　包装与运输

一、包装

鲜切花包装前应先进行捆扎，捆扎不能太紧，否则不但损伤花枝，而且冷藏时也会出现降温不均匀等问题。包装规格和数量应根据客户和市场要求订制，通常是 10 枝一扎捆绑成束。捆扎时，对齐百合花头，用橡皮筋捆绑茎秆基部，花枝基部剪齐，花茎长度相差不超过 5 厘米，套入专用塑料袋，贴上标签（图6-13）。有研究发现，聚乙烯膜包装袋能够降低包装袋内 O_2 浓度和提高 CO_2 浓度，有效抑制呼吸强度和乙烯生成量，延长瓶插寿命，且厚膜比薄膜效果更显著。

图 6-13　百合切花捆扎

包装时，要注意保护叶片和花苞，整个包装过程时间越短越好。百合花应装在带透气孔的瓦楞纸盒中，防止过热及真菌的繁殖。各层切花反向交互排列叠放在纸箱中，花蕾离箱边 5 厘米，中间需捆绑固定，防止运输过程中损伤花蕾；纸箱两侧打孔，增加透气性。冬季低温季节需要单独做保温防寒处理。包装标识需要注明鲜切花种类、品种名、花色、级别、花茎长度、装箱容量、生产单位、采切时间等。

二、运输

运输是鲜切花生产经营中的重要环节，运输过程中的失误往往会严重影响切花的商品质量，造成严重经济损失。

鲜切花应在温度 2~4 ℃、空气相对湿度 80%~95%、全程冷链条件下运输，这样可防止花蕾生长开花并减少乙烯的危害，使鲜切花保持最新鲜的状态。短距离运输若没有冷藏车，发货前可以先在冷库中整箱预冷，再发运。快速高效的物流体系是缩短运输时间、减少损耗，以及将鲜切花保质保量送达客户手中的关键。上市前的百合鲜切花状态见图 6-14。

图 6-14　上市前的百合切花状态

百合送达零售商手中后，应剪掉部分茎秆，将其插入清洁的水中，贮藏于 2~5 ℃的环境中待售。

第七章　病虫害防治

🍀 第一节　防治方针

随着生活水平的不断提高,人们对农产品的安全性和品质越来越重视。为生产出高品质、绿色、无污染的百合产品,对于百合病虫害的防治,必须贯彻"预防为主,综合防治"的植保工作方针,突出生态控制,用农业、生物、物理和化学技术综合防治病虫害。严格控制农药残留量,严禁使用国家规定禁止使用的高毒、高残留或具有"三致"(致癌、致畸、致突变)作用的农药。要严格按照农药使用说明书科学使用农药。

🍀 第二节　防治原则

一、生态优先原则

对于病虫害防治,应严格遵循生态优先原则,从生态总布局的角度进行分析,充分了解环境与病虫害之间的关系,制订科学合理的防治方案,确保不破坏生态环境。

二、综合防治原则

病虫害防治需要充分利用自然条件，如病虫害的拮抗体及天敌物种等，将病虫害预防工作作为重点工作内容。另外，需要积极应用多种防治手段，做到物理防治、化学防治、植物检疫及生物防治等技术的有机结合，对病虫害开展综合治理，实现病虫害的有效控制。

三、效果与效益兼顾原则

病虫害防治应充分考虑地域环境问题及其他客观因素，借助合理有效的防治措施，达到理想的防控效果。同时，需要严格遵循控制防治成本的原则，在保证防治效果的同时，减少资金投入。

❀ 第三节　防治措施

引起百合病虫害发生的因素十分复杂，必须坚持"预防为主，综合防治"的方针，优先采用农业防治、物理防治、生物防治措施，配合科学合理地使用化学防治，多措并举，防患于未然，实现绿色、安全、高效生产的目标。

一、农业防治

农业防治即在农田生态系统中，利用和改进耕作栽培技术，调节病原物害虫和寄主及环境之间的关系，创造有利于作物生长、不利于病虫害发生的环境条件，控制病虫害发生和发展。其特点是无须为防治有害生物而增加额外成本；无杀伤自然天敌、造成有害生物产生抗药性及污染环境等不良副作用；可随作物生产的不断进行而经常保持对有害生物的抑制，其效果是累积的。因此，农业防治一般不增加开支，安全有效，简单易行。

（一）选用抗性强的品种

不同品种对环境条件的适应性不同，对病虫害的抗性不同，种植前要根据种植地的土壤情况、气候情况、自身的种植经验等选择适合的、抗性强的品种，能够有效减少病虫害，降低管理难度和成本。比如，'木门'对镰刀菌的抗性比'西伯利亚'强，生产中发生镰刀菌枯萎病的可能性小，病害防治的难度就会低一些。

（二）精选健康种球

选种时，注意将有斑点、霉点和虫伤及鳞片污黑、底盘干腐无根系的种球剔除，应选鳞片新鲜、色泽洁白、基盘及根系良好的种球生产切花。

（三）科学选地

科学选地对防治病虫害和充分利用土壤肥力是十分重要的。百合生产选择 3 年以上未种过辣椒、茄子、甘薯、马铃薯、甜菜、烟草、葱蒜类及贝母等作物且排水良好、不易旱涝的地块栽种，可减少病虫害的发生。

（四）科学轮作

由于侵染百合的一些病菌能在土壤里存活 2~3 年，甚至长期存在，所以种过百合的地块，应停栽百合 3~5 年，换种其他作物。百合可以与水稻、玉米、大豆、万寿菊等轮作，最好水旱轮作，不与同科作物轮作。

（五）合理施肥

百合生育期较长，需肥量较多，后期追施肥容易诱发病虫害。所以，重施（施足）基肥是获取百合高产的重要措施。基肥以腐熟的有机肥为主，主要是充分腐熟的猪粪、牛粪、草木灰、饼肥等，将其均匀深翻入土。

（六）深耕整地

百合是地下鳞茎作物，翻耕深度要求在 30 厘米以上，一般在前茬作物收获后深翻。下种前结合施基肥进行整平、整细土壤处理，消除杂草。

（七）合理密植

合理密植能改善通风透光条件，防止某些病虫害的发生。

（八）清洁田园

田间杂草和残枝落叶常是病虫隐蔽及越冬的场所，是来年主要病虫来源。因此，结合整地收拾病株残体，铲除田间及四周杂草，清除病虫中间寄主，是防治病虫害的重要农业措施。在生长过程中，应及时摘除病虫危害的叶片，或全株拔除，并带出田外深埋或烧毁。

（九）田间操作与管理

保持棚内通风良好和叶片干燥，在浇水和施肥时不要将水、肥溅洒在叶片上，在低温高湿条件下避免采用淋浇的方式给水。适时适量灌水，避免田间湿度过大或积水而诱发各种根茎部病害。定期检查温室大棚的隔离措施，控制害虫的侵入；温室大棚设计建造应考虑足够的通风降湿能力；及时清洁棚膜；等等。

二、物理防治

利用隔离、光、温、器具等物理手段进行病虫害防治的措施，称为物理防治。

（一）诱杀

利用害虫的趋光性、趋化性，在田间设置糖醋诱虫液、捕虫灯等，诱杀成虫，可以减少产卵量和虫口密度。

（1）悬挂黄板：利用昆虫的趋黄性，可以减少潜叶蝇、白粉虱、蚜虫等危害。每亩挂20~25块黄板，可粘杀害虫。使用时，除购买成品外，还可自行制作，如用柠檬黄色万通板（或塑料板）或木板漆柠檬黄色油漆，尺寸为30厘米×20厘米（长×宽），板两面均匀涂上一层凡士林或黄色的润滑油即可。

（2）悬挂蓝板：利用蓟马的趋蓝性。

（3）捕虫灯：利用昆虫的趋光性，诱杀鳞翅目成虫，降低虫口密度，且对环境无污染。

（二）高温闷棚

完全封闭棚室，使室内温度保持35 ℃以上一周，可以有效抑制或杀死常见病原菌和害虫。

（三）降低湿度

空气相对湿度80%以上且持续时间过长易引发病害，通过减少浇水次数、浇水量，以及阴雨天不浇水等措施，可以抑制病原菌侵染。

（四）加强通风

在温度有保障的前提下，加强室内外空气流通，保持室内空气清新，能够有效降低病害发生。

（五）物理隔离

在温室、冷棚等设施的通风口、出入口设置专用的防虫网，使设施内形成相对封闭的空间，可以有效减少虫害的发生。防虫网的孔径大小可以根据防治的害虫体型选择。百合生产应选择孔径为60目的防虫网，以防止蚜虫、蓟马等体型较小的害虫进入。

（六）水淹法

高温季节，在种植地块四周挡起围堰，用水将土地完全浸泡，水深 10~20 厘米，保持 15 天以上，能够有效杀死土壤中害虫、虫卵和好气性病原菌，同时能起到土壤洗盐、改良土壤理化性状的作用。

（七）暴晒法

在光照强度大的季节，将栽培基质放置在水泥地面上，完全与土壤隔离，摊开，厚度保持 10~15 厘米，反复翻动，暴晒 7~15 天，能够杀死大部分土传害虫和部分病原菌。前茬作物采收后，将土壤深翻暴晒也能达到部分灭杀病虫的效果。

三、生物防治

生物防治是利用生物（图 7-1、图 7-2、图 7-3）或其代谢产物来抑制或消灭有害生物发生、繁殖或减轻其危害的方法。生物防治具有环保、安全等优势，符合生态农业发展趋势，未来具有很大的发展空间。生物防治主要有以下 4 种方式。

（一）利用微生物防治

常见的有应用真菌、细菌、病毒和能分泌抗生物质的抗生菌，如应用木霉菌防治百合镰刀菌枯萎病，用苏云金杆菌各种变种制剂防治多种害虫，用昆虫病原性线虫防治韭菜根蛆，等等。

（二）利用寄生性天敌防治

主要有寄生蜂和寄生蝇，最常见的是用赤眼蜂、寄生蝇防治多种害虫。

（三）利用捕食性天敌防治

捕食性天敌有很多，主要为食虫的脊椎动物和捕食性节肢动物两大类。鸟类中，山雀、灰喜鹊等捕食蛴螬等害虫。节肢动物中，捕食性天敌除瓢虫、螳螂、蚂蚁等昆虫外，还有捕食螨类。

（四）利用生物制剂防治

即利用动物、植物、微生物的器官、分泌物、代谢物等加工制成的各种制剂，阿维菌素、中生菌素、多氧霉素、烟碱、苦参碱、印楝素、鱼藤素，以及各种性诱剂等。

图 7-1　捕食螨防治红蜘蛛

图 7-2　利用天敌防治蚜虫

图 7-3　性诱剂防治成虫

四、化学防治

应用化学农药和相关制品防治病虫害的方法，称为化学防治。其优点是见效快、应用方便，能在短期内消灭或控制大量发生的虫害，受地区性或季节性限制比较小。

但长期使用化学农药，易产生抗药性，同时会误伤天敌；而且有机农药毒性较大，污染环境，影响人畜健康。根据无公害农作物生产"能不用药就不用，能少用药就少用，能挑治不普治，能兼治不单治，能用生物农药就不用化学农药"的使用原则，当病虫害达到防治指标时，应该选择高效、低毒、低残留农药适时开展防治，并切实按照安全间隔期使用。

通常在发病（虫）前每1~2周喷药1次（预防），发病（虫）后每3天喷1次（治疗），根据不同生长阶段和病虫害使用不同配方。使用化学农药要注意以下7点。

（一）对症下药，防止污染

各种农药都有自己的防治范围和对象，只有对症下药，才会事半功倍。否则，用治虫的药治病、治病的药防虫，只会是徒劳无功、浪费农药、事倍无功、污染环境。

百合病虫害防治应严格遵守农业农村部有关规定，严禁使用甲拌磷、治螟磷、甲基对硫磷、对硫磷、内吸磷、久效磷、杀螟威、甲胺磷、异丙磷、三硫磷、甲基硫环磷、甲基异柳磷、氧化乐果、磷胺、磷化锌、磷化铝、特丁硫磷、克百威、涕灭威、灭线磷、硫环磷、蝇毒磷、地虫硫磷、氯化唑磷、苯线磷、氰化物、氟乙酰胺、砒霜、杀虫脒、西力生、赛力散、溃疡净、氯化苦、五氯酚、二溴氯丙烷、氯丹、毒杀芬、二溴乙烷、除草醚、艾氏剂、狄氏剂、汞制剂、砷类、铅类、敌枯双、甘氟、毒鼠强、氟乙酸钠及毒鼠硅等剧毒、高残留农药。

（二）掌握好用药时机

百合病虫害暴发流行速度快，因此，药剂防治一定要在病虫害未发生之前或发生初期这一关键时机进行，这样才能达到事半功倍、将损失降到最低的效果。一天中喷药最好选晴天上午温度相对较低的时间段，使叶片在入夜前保持干燥状态；尽可能避开中午高温期，以免产生药害。

（三）浓度适宜，次数适当

喷施农药不是浓度越大越好、次数越多越好。使用前，要进行喷药预实验，确定合理的用药浓度和喷药次数，以达到理想的防治效果为宜。否则，不但浪费农药，提高了成本，而且可能加速病、虫生物抗药性的形成，加剧污染，甚至产生药害。药剂使用过程中，应严格按照相关法律规定和产品使用说明书，控制用量和次数。

（四）选用合适剂型，掌握正确方法

化学农药有乳油、悬浮剂、可湿性粉剂、粉剂、粒剂、水剂、毒饵等十余种剂型。每种剂型都有特定的用途和使用要求，不宜随意改变用法。例如，颗粒剂只能抛撒或处理土壤，不能加水喷雾；可湿性粉剂只能加水喷雾，不能直接喷粉；粉剂只能直接撒施或拌毒土或拌种，不宜加水；毒饵只能拌制后应用。百合生产用乳油、悬浮剂、可湿性粉剂、水剂较多，喷药时应做到用药精准到位，植株表面（有的病虫害防治要求叶片正面与反面）着药均匀，药量适宜。

（五）轮换用药

长时间使用一种农药防治同一种病虫害，容易产生抗药性，降低病虫害防治效果。生产中，对同一种病虫害要注意筛选 3 种以上有效的农药，轮换交替使用，以提高防治效果，延缓抗药性的产生。

（六）保护天敌

在施用农药时，注意选用适当剂型，最大限度保护天敌。

（七）安全用药

绝大多数农药对人、畜有毒，应严格按照规定和说明书使用，做好安全防护工作，防止人、畜及天敌中毒。

✿ 第四节　百合主要病害与防治

一、侵染性病害

百合在生长过程中由微生物侵染而引起的可传染的病害属于百合侵染性病害。由于侵染源不同，侵染性病害可分为真菌性病害、细菌性病害、病毒性病害、线虫性病害、寄生性种子植物病害等多种类型。

（一）真菌性病害

1. 百合枯萎病

百合枯萎病，也叫根腐病、茎腐病，是百合生长过程中受到镰刀菌（*Fusarium*）侵染而发生的病害。

（1）识别症状。发病初期百合的肉质根和种球基盘褐化、腐烂，并逐渐向上扩展，在鳞片上形成褐色病斑并凹陷，而后变成黄褐色并逐渐腐烂，后期鳞片从基盘散开而剥落。地上部早期叶片呈现出"阴阳"叶，即叶子的一侧枯黄一侧鲜绿，纵向剖开百合枯萎病植株的茎秆，其维管束已经变褐（图7-4）。随着发病逐渐严重，最后整片叶枯黄、脱落。茎秆自下而上逐渐枯萎，最后整个植株枯黄死亡。

地上部症状   鳞茎危害

图 7-4 百合枯萎病症状

（2）病原菌及发生规律。百合枯萎病的病原菌为尖孢镰刀菌百合专化型（*Fusarium oxysporum* f. sp. *lilii* Snyd. et Hans.），见图7-5。病原菌主要以菌丝体、厚垣孢子、菌核在百合种球内，或者随着病残体在种植百合的土壤或基质中越冬，成为翌年主要的初侵染源。

枯萎病是百合生产中发生最普遍、危害最严重的病害之一，在百合整个生长发育过程及采后储藏期间都会发生。鳞茎受伤，或受线虫、地下害虫等危害，或前茬地块带病菌、连作等易发生此病。只要温度和湿度适合，病原菌就可以侵染百合，引起百合植株发病，而后扩展蔓延，导致大量百合植株枯萎死亡。

（3）防治方法。百合枯萎病的防治可以通过选用抗病品种，综合应用农业防治、化学防治和生物防治等手段。

①农业防治。这是百合枯萎病防治的重要基础，做好农业防治，就能明显减轻病害的发生。

茎部纵剖 尖孢镰刀菌

图 7-5　百合枯萎病的病原菌镜检

选用高抗品种和健康种球是防控百合枯萎病最有效的方法。不同杂种系百合品种抗枯萎病能力有所差异，栽培中应尽量种植抗性强的品种，如 OT 百合杂种系'木门''罗宾娜'等。

百合连作是造成枯萎病发生严重的主要原因之一，避免连作，将百合与其他作物轮作可以减轻百合枯萎病的发生。在选择种植地时，宜选择地势平坦的地块，注意开沟排水和田间通风，避免积水。栽种前，施用充分腐熟的有机肥能减轻枯萎病发生。另外，百合生长过程中要及时观察病害发生情况，一旦发现感染病株，要及时将病株拔除，避免传染到其他植株。

②化学防治。这是控制病害传播最直接的手段。百合枯萎病化学防治的措施主要有种球药剂消毒、土壤消毒、苗期灌根等。具体操作为在定植前种球用 50% 咪鲜胺锰盐 1000 倍液浸泡 1 小时；土壤消毒见本书第五章内容。当田间发生百合枯萎病时，可用 50% 咪鲜胺锰盐 1000 倍液进行灌根处理、喷洒 36% 甲基硫菌灵悬浮剂 500 倍液或 58% 甲霜灵·锰锌可湿性粉剂 500 倍液、75% 百菌清可湿性粉剂 600 倍液、50% 苯菌灵可湿性粉剂 1500 倍液。

③生物防治。主要是利用生防微生物和病原菌间的营养竞争、寄生及产生抗生素等来抑制病原菌生长与繁殖。生防微生物种类繁多，主要有木霉属真菌（*Trichoderma* spp.）、非致病尖孢镰刀菌、芽孢杆菌（*Bacillus*）和假单胞菌（*Pseudomonas*）等。

2. 百合灰霉病

（1）识别症状。百合灰霉病主要危害叶片、茎秆、花蕾和花。百合叶片被灰霉菌侵染后，发病初期在叶尖和叶缘形成黄褐色水渍状病斑，之后迅速扩大，出现同心轮纹。发病中、后期，病斑扩大超过叶片的一半，病部常见 2~3 个同心轮纹；花蕾发病时，初期出现褐色小斑点，随后腐烂；花发病时，先产生水渍状斑点，后转为灰褐色，严重时整朵花掉落；茎秆发病时，常出现椭圆形病斑，湿度大时可在发病部位看见灰色霉层（图 7-6）。

图 7-6　百合灰霉病症状

（2）病原菌及发生规律。百合灰霉病是由葡萄孢属（*Botrytis* spp.）真菌引起的，属于半知菌亚门真菌，常见的致病菌有灰葡萄孢（*B.cinerea*）和椭圆葡萄孢（*B.elliptica*）。

病原菌常以菌丝体及菌核在植物残体、土壤中存活，第二年菌丝体及菌核产生的分生孢子可作为灰霉病初侵染源，田间发病后产生的分生孢子借风、雨、空气、人为传播，通过伤口或自然孔口进行再侵染。百合灰霉病菌的分生孢子的最适萌发温度为 20~24 ℃；菌丝的最适生长温度为 20~24 ℃；当湿度大于 80% 时，百合灰霉病菌易生长。因此，高温、多雨或久雨转晴可加速病害流行。露天栽培时，6—8月是灰霉病高发季；设施栽培时，适宜的温度和较高湿度也会造成灰霉病的大流行。

（3）防治方法。

①农业防治。

❖选用抗病品种：尽量选择抗病能力较强的百合品种，如'西伯利亚''木门'等。

❖科学耕作：种植时，应采用设施避雨栽培，田间或温室要注意通风透光，避免栽植过密。灌水用滴灌的方式，降低相对湿度。

❖合理轮作：由于百合灰霉病原菌能以菌核的形式在土壤中越冬，因此轮作换茬可以减少初侵染源。

❖及时清除病株：定期进行病害观测，及早发现，及时清除病叶、病株，并集中销毁。

②化学防治。发病初期，每7~10天交替在叶面喷施卉友（50%咯菌腈）3000倍液、10%世高（10%苯醚甲环唑）水分散粒剂1000倍液、36%甲基硫菌灵悬浮剂500倍液、50%苯菌灵可湿性粉剂1000倍液、50%速克灵可湿性粉剂1000倍液、50%扑海因（异菌脲）可湿性粉剂1000倍液。发病后，每3天喷施1次，交替用药。

3. 百合立枯病

（1）识别症状。幼苗期发病较多，发病初期在百合幼叶和茎秆上形成0.5~2.0厘米长的水浸状淡褐色病斑，在土壤表面以下的茎和鳞茎上也会形成类似的棕色病变。发生立枯病的百合植株的生长会受到影响，发病严重的植株地上部死亡（图7-7）。

（2）病原菌及发生规律。百合立枯病是由丝核菌属（*Rhizoctonia* spp.）真菌引起的病害，常见的致病菌为立枯丝核菌（*R. solani*）。

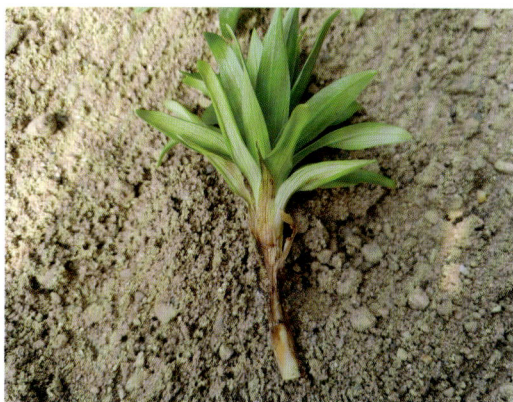

图7-7 百合立枯病田间症状

立枯丝核菌是土壤习居菌，一般不产生营养孢子或无性孢子，是一种兼性寄生物。在土壤中的生存时间可以长达2~3年之久，以菌核、部分菌丝体在土壤或病株残体中越冬，作为第二年初侵染源。在多雨季节，田间积水或偏施氮肥、施用生粪等情况下容易发病。

（3）防治方法。

①农业防治。选择抗性品种和健康无病种球进行种植；选择地势平坦地块，注意开沟排水，避免积水，合理密植。栽培及管理过程中，避免伤及根、茎基部或者叶片，防止病菌由伤口侵入。在浇水和施肥时，注意不要将水、肥溅到百合的叶片上，适时适量灌溉，避免过湿或积水。应注意设施内通风良好，并保持百合叶片的干燥。定期进行病害观测，尽早发现，及时清除病叶、病株，并集中销毁。

②化学防治。种植前应对种球进行消毒处理，对栽种土壤进行消毒灭菌处理（见本书第五章）；发病时可用30%精甲·恶霉灵水剂500倍液、40%异菌·氟啶胺悬浮剂或20%噻菌铜悬浮剂500倍液喷施防治，每隔5~7天喷施1次，连续施用2~3次，交

替用药。

4. 百合疫病

百合疫病又称百合脚腐病。

（1）识别症状。百合疫病的主要发病部位在百合的茎、叶、鳞片和根。百合茎部发病初期呈水渍状，逐渐向上、下扩展，加重茎部腐烂，上有白色霉层，后为灰绿色大斑，致植株倒折或死亡；叶片染病初期生成水渍状小斑，后扩展成灰绿色大斑，逐渐扩展至叶基部，潮湿时病斑变褐缢缩（图7-8）。

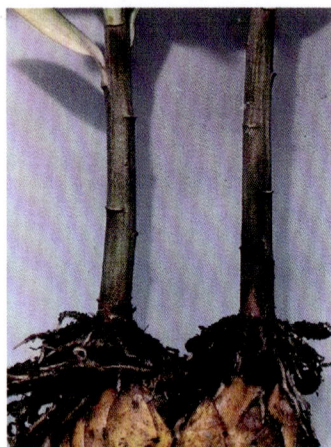

图7-8　百合疫病田间症状

（2）病原菌及发生规律。百合疫病是由疫霉属（*Phytophthora* spp.）真菌引起的病害，常见的致病菌是烟草疫霉（*P.nicotianae*）和恶疫霉（*P.cactorum*）。

百合疫病病原菌以厚垣孢子、卵孢子或菌丝体随病残体留在土壤中越冬，成为第二年的初侵染源。当条件适宜时，孢子萌发，侵入植株导致发病，发病部位随之产生大量孢子囊，孢子囊萌发后产生游动孢子或孢子囊直接萌发再侵染植株。

病原菌可以借助空气、水流、染病种球传播。在气温20～

25 ℃、空气湿度85%、连续阴雨天气及土壤排水不畅等环境下，更易于该病发生和传播。

（3）防治方法。

①农业防治。

❖选用抗病品种和健康无病的种球进行种植。

❖合理轮作：百合连作土壤中植物病残体多，病原菌集富，为疫病的发生创造了有利条件。进行合理的水旱轮作或与非百合科和非茄科作物轮作，可以大幅度地降低病害发生程度。

❖合理密植：百合植株间密度过大会增加相对湿度，利于病菌侵入繁殖，而保持良好的通风透光可以减少病害发生。

❖加强管理：发现发病植株应及时清理。采用配方施肥，适当增施钾肥，可提高植株抗病力。采用高厢深沟或起垄栽培。

②化学防治。种植前应对土壤和种球进行消毒（见本书第五章内容），种球表面水分晾干后再种植；发病初期喷洒40%三乙磷酸铝可湿性粉剂250倍液或58%甲霜灵·锰锌可湿性粉剂500倍液、64%杀毒矾可湿性粉剂500倍液、72%杜邦克露可湿性粉剂800倍液。

5. 百合炭疽病

（1）识别症状。百合炭疽病主要危害百合叶片，也危害百合的花、茎、鳞茎。发病初期，叶片上产生椭圆形病斑，病斑中心呈淡黄色，边缘呈紫褐色或黑褐色，病斑中央稍下陷。花瓣上的病斑呈浅褐色，变薄。感病花梗变黑。感病鳞茎一般发生于外层鳞片上，有时也发生在内鳞片上（图7-9）。在鳞片上，发病初期产生浅褐色、不规则斑点，以后病斑扩展下陷，由褐色变至黑色，鳞片干腐皱缩。

（2）病原菌及发生规律。百合炭疽病是由刺盘孢属（*Colleto-trichum* spp.）真菌引起的病害。

花发病症状　　　　　叶片发病初期　　　　　叶片发病后期

图 7-9　百合炭疽病症状

病原菌以菌丝体、分生孢子盘随种球、发病植物或病株残体在土壤中越冬。当温度为 15～30 ℃、湿度为 96% 以上时，孢子可以大量萌发形成附着孢，并从伤口侵入植物。在百合发病部位上可以形成分生孢子，随着气流、水流造成二次侵染。土质黏重、含水量高的地块、连作地块发病重。

（3）防治方法。

①农业防治。

❖选择健康无病种球进行种植。

❖加强田间管理：定期观测病害，发现病株及时清除并集中销毁；田间要保证良好的通风；种球采收后要及时清理田间的病株残体，集中进行销毁。

❖合理轮作：采用水旱轮作换茬模式，以防止病原菌积累。

②化学防治。种植前，用 50% 苯菌灵 500 倍液浸泡种球 15 分钟，晾干后再种植；发病期可用 30% 的唑醚·戊唑醇悬浮剂 1500～2000 倍液、10% 苯醚甲环唑水分散粒剂 1500～2500 倍液、25% 咪鲜胺乳油 1000～2000 倍液，每 5～7 天施用 1 次，连续施用 2～3 次进行防治，交替用药。

6. 百合种球青霉腐烂病

（1）识别症状。百合种球青霉腐烂病主要发生在种球贮藏期。青霉菌侵染后，在鳞片上产生褐色有凹陷的病斑，逐渐向四周扩大，腐烂组织不断增加，病部有时产生青绿色或灰白色霉层（图7-10）。种球被侵染后，甚至在-2 ℃的低温时，腐烂也会逐步增加。病菌最终侵入鳞茎基盘，严重时使整个种球腐烂。

图7-10　百合种球青霉腐烂病症状

（2）病原菌及发生规律。百合种球青霉腐烂病是由青霉属（*Penicillium* spp.）真菌引起的病害。

青霉病菌在土壤或病残体中越冬，从伤口侵入，且潮湿环境有利于病害扩散。贮藏期间，百合种球鳞片腐烂斑上先长出白色菌丝，再产生青色孢子。侵染后，种球腐烂程度逐步增加，直至完全腐烂。

（3）防治方法。

常用防治方法如下。

①种球消毒：种球采收后用50%咪鲜胺锰盐1000倍、1%申嗪霉素1000倍混合液加热至40 ℃，消毒30分钟，晾干后贮藏。

②加强田间管理：百合栽培过程中，加强病虫害防控，培育健壮种球。

③收获后处理：种球收获时应避免造成机械损伤；种球采后处理场所应保持卫生、干燥、通风、透气，及时清除受伤鳞片；

贮藏前应做好草炭等存储基质消毒。

④种球储藏期管理：百合种球应在理想的温度、湿度、气体浓度条件下储藏。

7. 百合烟煤病

（1）识别症状。百合烟煤病主要危害百合的叶片、嫩梢、花蕾等部位。发病初期，可在叶片表面形成黑色霉层或霉粉，最后形成黑色小霉斑，扩大连片，使整个叶面、嫩梢上布满黑霉层（图7-11）。该病主要是以蚜虫分泌物为营养的真菌病害，常在蚜虫危害时发生。该病会影响百合的光合作用，导致植株衰弱，降低百合的观赏价值和经济价值。

图7-11　百合烟煤病田间症状

（2）病原菌及发生规律。百合烟煤病是由小煤炱属（*Meliola*）的多种真菌引起的。

百合烟煤病多伴随棉蚜的发生，主要为腐生性质病害。病原菌以菌丝、子囊壳在病残体上越冬，为第二年初侵染源。该病原的营养来源主要为棉蚜排出的蜜露或分泌物。当叶枝表面有蜜露时，病原菌可繁殖，在叶片表面形成霉层，遮挡叶片，从而影响植物的光合作用（图7-12）。病菌的菌丝和分生孢子可借气流、昆虫传播，造成二次侵染。在棉蚜发生严重时，该病危害也相对严重。在潮湿、闷热、通风不良等情况下，该病害发生严重。

图7-12　百合烟煤病症状

（3）防治方法。

①农业防治。加强田间管理，做好蚜虫的防治；加强通风，避免闷热潮湿、栽植过密和通风不良等容易导致感病的环境条件；施肥时，应多施磷、钾肥，少施氮肥；浇水采取滴灌等方式，应避免夜间浇水，加强雨季排水；做好环境卫生工作，清除杂草，及时剪除被害枝条，并集中烧毁，减少侵染源。

②化学防治。可用10%吡虫啉乳油1000倍液或50%啶虫脒粉剂1000倍液，全面均匀喷施，间隔7~10天，连喷3次以上，防治蚜虫，预防病害发生。发病后，可喷施50%代森铵悬浮剂500~800倍液或50%灭菌丹水分散粒剂400倍液，每隔5~7天喷1次，

连续喷 2~3 次，交替用药。

8. 百合白绢病

（1）识别症状。百合白绢病的发病初期，地上部分叶片变黄、凋萎，后期整株枯死；地下部分可见鳞茎被放射状白色绢丝状菌丝缠绕，鳞茎有暗褐色、水渍状的腐烂病斑，当温度、湿度适宜时，茎基部内的菌丝穿出土层，向四周土表蔓延，并产生许多茶褐色油菜籽大小的球形菌核（图7-13）。

图7-13　百合白绢病主要症状

（2）病原菌及发生规律。百合白绢病致病菌为齐整小核菌（*Sclerotium rolfsii*）。

病原菌以菌核的形式在土壤中越冬，也可在病株残体中越冬，成为第二年的初侵染源。病原菌主要通过根部和茎基部的伤口侵入植物体，引起百合根茎腐烂。另外，菌核也可通过雨水、昆虫或农事操作传播，引起再侵染。在温度高、湿度大的环境中，该病易发生。每年6—8月为该病盛发期。

（3）防治方法。

①农业防治。

❖合理轮作：百合和禾本科作物轮作，可显著减少土壤中的菌核数量，降低白绢病的发生率；水旱轮作也可减缓此病害发生。

❖做好土壤消毒：种植前，可用棉隆等土壤消毒剂对土壤进行消毒，每亩20~25千克（详见本书第五章内容）。

❖加强田间管理：种植前深翻土壤，增施土壤改良剂，调整土壤菌落结构，降低病害发生率，清理病株残体并集中处理；发现病株应及时清理，做好周围土壤消毒。

②化学防治。发病期可用5%井冈霉素水剂1000~1500倍液、20%甲基立枯磷乳油1000倍液、90%敌克松可湿性粉剂500倍液灌淋，每隔10~15天施药1次，交替用药。

9. 百合叶尖干枯病

（1）识别症状。百合叶尖干枯病主要危害百合叶片。发病初期，叶尖部有红褐色斑块，斑块边缘为黄色。随着病菌的扩散，黄色斑块由叶尖沿叶脉向叶基部扩散，致使叶脉及其周围组织失绿。之后，叶尖出现深褐色坏死，且失水皱缩。后期整株叶片前半部干枯，基部仍可保持绿色状态。发病叶片的病健交界处有明显的褐色分界线（图7-14）。

植株整体　　　　　　　　　　　叶片

图7-14　百合叶尖干枯病症状

（2）病原菌及发生规律。百合叶尖干枯病的致病菌为高粱附球菌（*Epicoccum sorghinum*），属子囊菌门。

该病主要发生在春末夏初，最适发病温度为 25 ℃。

（3）防治方法。

①农业防治。

❖加强田间管理：在田间发现病株应及时拔除，并集中处理；种植前，可用棉隆进行土壤消毒；加强设施通风，控制设施内环境温度。

❖加强检疫：引种时，需进行病原菌检疫，防止病菌传入未发病地区。

②化学防治。发病后可用 50%啶酰菌胺水分散粒剂 5000 倍液、50%咯菌腈可湿性粉剂 3000 倍液交替喷施。

（二）细菌性病害

1. 百合丛簇病

（1）识别症状。百合外观发育异常，染病植株茎秆扁平且顶部变宽、顶端芽增殖，顶部叶片呈丛簇状、着生密度大，使整个百合植株呈现扫帚状。开花期常表现为花小或不开花，影响百合观赏价值。有时染病植株还会出现植株矮小、根系生长发育不良的现象（图 7-15）。

（2）病原菌及发生规律。百合丛簇病是由束红球菌（*Rhodococcus fascians*）引起的。

病原菌主要随病残体在土壤中越冬，通过土壤、水流、种子、无性繁殖材料及昆虫等传播。病原菌可不通过伤口直接侵染植物，且潜伏期较长。环境条件适宜时，束红球菌在田间土壤中能够存活至少 4 年，尤其是在环境条件适宜的设施内可持续危害植株。

病原菌既可通过灌溉水、雨水飞溅等短距离传播，也可通过

盛花期症状　　　　　　　　　花蕾期症状

图7-15　百合丛簇病田间症状

百合种球运输跨区传播。另外，昆虫的取食也是该病菌的主要传播途径之一。

束红球菌的耐低温能力强，在低温环境下能够存活相当长的时间，但在高温少雨的季节或地区，该病的发生和传播会受到一定的限制。

（3）防治方法。

①加强检疫：对种球进行检测，防止病菌传入种植地区。

②合理轮作：选择耐高温、耐旱作物与百合轮作，可减缓病害发生。

③加强田间管理：在田间发现病株应及时拔除，并集中销毁；种植前应进行土壤消毒；对传病昆虫进行防治；加强设施通风；种植前应对种球进行热处理。

2. 百合细菌性软腐病

（1）识别症状。细菌性软腐病主要危害百合叶片、茎及鳞茎。发病初期，在受害部位出现不规则水浸状坏死病斑，后逐步向内蔓延，使病部组织开始软化、变色，导致整个鳞茎和茎部形成脓状腐烂，并伴有恶臭。同时，茎部腐烂会由中心逐步蔓延至叶片，使叶片出现水浸状不规则病斑，并向四周扩大，最终导致叶片腐烂（图7-16）。

图7-16　百合细菌性软腐病发病症状

（2）病原菌及发生规律。百合软腐病的病原菌为胡萝卜软腐欧文氏菌胡萝卜亚种（*Pectobacterium carotovorum* subsp. *carotovora*）。

带病的鳞茎、植株病残体是软腐病主要的初侵染源。病原菌主要通过种球、雨水、昆虫或农事工具从百合植株的伤口侵入。在温度高、湿度大的环境中，该病容易发生。百合种球贮藏期间，若储存环境温度过高、湿度过大，该菌可通过伤口侵入鳞茎，造成百合种球储藏期腐烂。

病原菌在25~30 ℃的环境中易于传播，不耐高温，致死温度为50 ℃。

（3）防治方法。

①农业防治。

❖种球贮藏前消毒：种球采收时，应减少机械损伤，剔除有伤口和发病的种球；储存前，可将种球用50%多菌灵500倍液浸泡10分钟或50%苯菌灵1500倍液在30 ℃下浸泡20分钟，捞出晾干后低温储藏。

❖做好土壤消毒、排水：种植时应选择排水良好的土壤，设施栽培可以借助夏季大棚内高温来闷棚杀菌；非设施栽培可以在夏季进行土壤翻晒，借助阳光高温杀菌。

②化学防治。发病初期，用72%农用链霉素可湿性粉剂2000倍液或30%碱式硫酸铜悬浮剂400倍液交替喷雾，每3~5天1次，连续2~3次。可在百合开花前用30%碱式硫酸铜悬浮剂300倍液或72%农用链霉素可湿性粉剂2000倍液进行灌根，每株250~300毫升，每2~3天1次，连续2~3次，交替用药。

（三）百合病毒病

百合极易感染病毒，目前已报道可以侵染百合的病毒有20余种。百合被病毒侵染后会造成切花品质下降、减产，给生产者造成巨大损失。目前，侵染百合的病毒分为两大类：一种有明显症状，另一种没有明显症状。

1. 识别症状

在田间生长的百合极易被病毒侵染。一般来说，种球被病毒侵染不表现症状，外观与健康种球无异，但当百合种植后会表现出叶片失绿、斑驳、皱缩、植株矮小、花蕾畸形、花瓣卷曲、花朵颜色异常等症状（图7-17）。

花朵颜色异常　　　叶片失绿斑驳　　　叶片斑驳

图7-17　百合病毒病田间症状

2. 病原菌及发生规律

目前，危害百合较严重的病毒主要有黄瓜花叶病毒（*Cucumber mosaic virus*，CMV）、百合斑驳病毒（*Lily mottle virus*，LMoV）、

百合无症病毒（*Lily symptomless virus*，LSV）和车前草花叶病毒（*Plantago asiatica mosaic virus*，PlAMV），且常为多种病毒复合侵染。

百合病毒侵染须通过轻微伤口侵入，且只能通过侵染活细胞进行繁殖。病毒的传播方式有多种，既可以通过动物、昆虫、螨类、线虫等介体传播，也可以通过汁液接触、嫁接、种子、无性繁殖、机械操作、流水及土壤传播。

3. 防治方法

防治百合病毒病应遵循"预防为主，综合防治"的方针。主要措施如下。

（1）农业防治。

①加强检疫：在引种或进口百合种球时进行严格的检验，发现病毒及时标记，销毁或单独处理，减少来源。

②选用抗病毒品种：选择具有较强抗病毒特性的百合品种进行种植。

③加强栽培管理：选择不携带百合病毒的种球种植或繁殖；田间发现被病毒感染的植株及时清理并集中销毁；及时清理杂草对于百合病毒病防控十分必要；减少传毒昆虫，防治好蚜虫等虫媒；适当增施磷钾肥、适期追肥，增强植株抗病力。

（2）化学防治。发现中心病株要及时拔除，周围株喷药保护，控制病害蔓延。发病初期喷20%毒克星可湿性粉剂500~600倍液、0.5%抗毒剂1号水剂300~350倍液、5%菌毒清可湿性粉剂500倍液、20%病毒宁水溶性粉剂500倍液，隔7~10天一次，连喷3次；百合生长期，及时喷施10%吡虫啉可湿性粉剂1500倍液或50%抗蚜威超微可湿性粉剂2000倍液，控制传毒蚜虫和虫媒，减少该病传播蔓延。

（四）百合线虫病

1. 识别症状

百合线虫主要侵染鳞茎，在侵染点附近形成褐色斑枯。发病初期，地上部分局部叶片过早黄化，植株严重矮化，生长发育迟缓，开花少且小或不开花；根或鳞茎上出现坏死斑或伤口。生长后期，百合更易被尖孢镰刀菌、腐霉菌、立枯丝核菌等土传病原真菌二次侵染，加重根系损伤或腐烂，导致植株不能正常生长发育。

2. 病原菌及发生规律

百合线虫病是危害百合的常见病害之一，其中穿刺短体线虫（*Pratylenchus penetrans*）、草莓滑刃线虫（*Aphelenchoides fragariae*）、菊花滑刃线虫（*A.ritezemabosi*）、鳞球茎茎线虫（*Ditylenchus dipsaci*）在百合上发生得较为严重。穿刺短体线虫见图7-18。

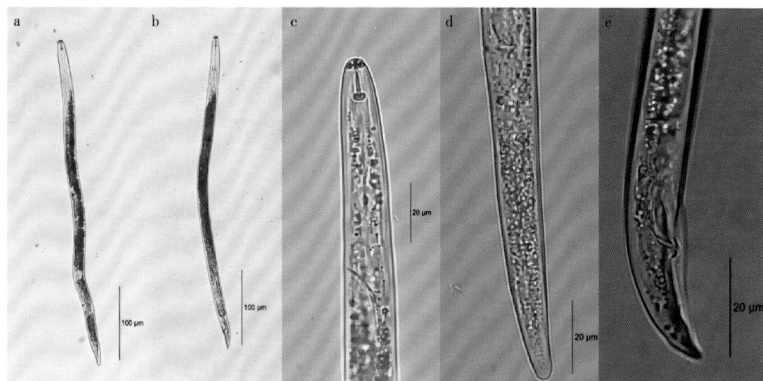

图7-18　穿刺短体线虫

侵染百合的线虫主要存在于土壤中，是一种植物内寄生线虫，在植物体内繁殖很快，离开植物后也可通过土壤迁移到附近寄主继续危害；线虫也可在百合种球中随贸易进行传播。

3. 防治方法

（1）农业防治。

①选用无线虫的种球种植。

②加强检疫：侵染百合严重的草莓滑刃线虫、菊花滑刃虫、鳞球茎茎线虫是植物检疫性线虫，可随种球贸易传入未发生地区。应加强百合种球的检疫，一旦发现检疫性线虫，必须进行除害处理。

③加强田间管理：及时清理田间杂草，发现感病植株应及时清理。

④合理轮作：可与非寄主植物进行轮作，可有效降低目标植物线虫的数量。

⑤加强采收管理：在百合收获、贮藏、运输时，要谨慎操作，避免造成伤口，及时清理受伤的种球。种球采收后可先用 40 ℃热水浸泡 2 小时后，再在-2 ℃低温冷藏 2 个月后进行种植，这样可有效控制线虫传播。

（2）化学防治。用杀线虫剂进行土壤熏蒸处理。可用98%棉隆颗粒剂（操作方法见本书第五章）；鳞茎种植前剔除感病鳞茎，用40%福尔马林与43.5 ℃热水按照 1∶200（质量比）配成药液浸泡，或用克线磷 800 倍液浸泡 10 分钟；发病期，用阿维菌素5000 倍液连续灌根 3 次，每次间隔 5 天。

二、非侵染性病害

在百合生长过程中，由于不适宜的物理、化学等非生物因素而直接或间接引起的百合病害即非侵染性病害，又叫生理性病害。可以通过改善百合的种植环境、及时喷施缺素肥料等措施来改善非侵染性病害。

（一）百合缺素症

在百合生长过程中，缺乏某种营养元素导致百合生长异常的症状叫百合缺素症。可以根据百合表型状态进行初步判断，及时补充相应元素，能有效缓解此症。

1. 百合缺铁

（1）发生原因。由于土壤中缺乏作物可吸收的铁、土壤偏碱或其他营养元素含量过高，容易造成百合对铁离子的吸收程度减弱，造成百合缺铁症。

（2）症状特征。发病初期，植株上部叶片最先表现出症状，叶脉间褪色，而叶脉仍为绿色，叶脉颜色比叶肉深，呈清晰的网状花纹。严重时，百合整个叶片变黄，百合幼叶甚至为白色（图7-19）。

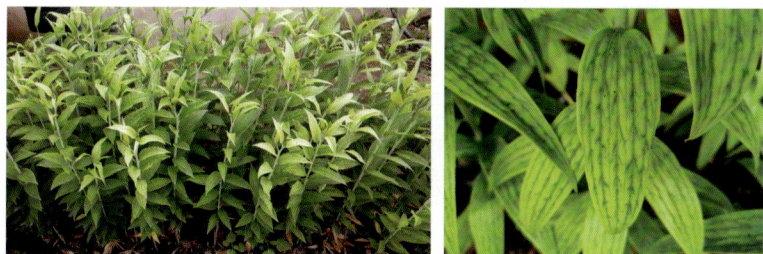

整体症状　　　　　　　　　叶片症状

图7-19　百合缺铁田间症状

（3）防治方法。可以通过改善土壤的排水性、降低土壤 pH 值，使土壤保持弱酸性、改善百合栽培条件来缓解症状。种植前，在土壤 pH 值高于 6.5 的土壤中增施专用土壤调理剂、生理酸性肥料，以降低土壤 pH 值；生长过程中出现缺铁症状，应及时追施螯合铁 1~2 次，用量为 1 千克/亩，也可在叶面喷施 2000 倍螯合铁以改善症状。

2. 百合缺钙

（1）发生原因。在百合种植过程中，由于土壤中缺乏钙元素、土壤酸性较高或钾肥、氮肥、磷肥施用量过多而造成百合出现缺钙的症状。

（2）症状特征。百合缺钙主要症状是幼叶颜色变浅；叶尖、叶片边缘局部弯曲，严重的变褐色，甚至腐败坏死；叶片有时为浅绿色并带有白色斑点；植株生长迟缓，茎秆硬度减弱（图7-20）。

群体症状　　　　　　　　　　单株症状

图7-20　百合缺钙田间症状

（3）防治方法。可以通过增施有机肥、调节土壤酸碱度、改良土壤、追施钙肥等方法来改善。

3. 百合缺氮

（1）发生原因。土壤中氮元素不足或施用未腐熟的粪肥消耗土壤中大量的氮素会造成百合缺氮症。

（2）症状特征。百合缺氮的主要症状是叶片呈淡绿色或淡黄色，老叶或全株失绿、黄化（图7-21）。缺氮症状一般出现在百合苗期和生长前期，可以通过开花数量、整株叶片颜色、植株生长速度来识别。

（3）防治方法。通过在土壤或基质中加入腐熟的有机肥，或追施速效氮的方法来改善。

4. 百合缺锌

（1）发生原因。种植百合的土壤呈碱性、土壤中有效锌减少、大量施用磷肥时，均可造成百合缺锌症。

群体症状   单株症状

图7-21 百合缺氮田间症状

（2）症状特征。百合缺锌主要识别症状是植株叶片比正常植株的小，顶芽生长受阻，新生叶片成簇生长，叶片畸形，老叶脉间失绿（图7-22）。

图7-22 百合缺锌田间症状

（3）防治方法。可以通过增施有机肥、改良土壤、降低土壤碱性的方法来改善。同时，可以给叶面喷施螯合态锌或者七水硫酸锌。

（二）百合叶烧病

1. 发生原因

百合叶烧病发生的原因比较复杂，分析认为与品种的生理特性、种球规格、种植环境温湿度剧烈变化和空气流通性有关；有报道认为主要是细胞缺钙引起的。笔者团队在现蕾前 1 个月左右，向土壤中增施钙肥，有效减少了发病率。

2. 症状特征

百合叶烧病主要发生在现蕾期，主要识别症状是顶部叶片皱缩，不能正常舒展，叶尖干枯坏死；轻微时，幼叶稍向内卷曲，植株可继续生长；严重时，叶片弯曲，所有叶片和幼芽脱落（图7-23）。

图7-23　百合叶烧病典型症状

3. 防治方法

（1）选择不易发生叶烧病的品种或较小规格的种球种植。

（2）种植前，先进行低温催芽，培育健壮的茎生根。

（3）种植前，保持土壤湿润；种植深度要适宜，在鳞茎上方留 6～10 厘米的土层；避免温室中的温度和相对湿度有大的差异，尽量保持相对湿度在 75% 左右。

（4）发病前追施或叶面喷施钙肥。

（三）百合消蕾

1. 发生原因

出现落蕾与百合品种、种球大小、种球冷藏时间及种球贮藏温度有关。另外，在现蕾期，温室或冷棚光照不足、温度过低、昼夜温差大都有可能引起落蕾。

2. 症状特征

百合消蕾是指百合花蕾在生长期间出现变色、萎缩、脱落的现象，又称盲芽、落蕾（图7-24）。

图7-24 百合消蕾田间症状

3. 防治方法

选择对光照敏感性相似的品种种植在一起；尽量使用当年生产的、储藏时间短的新种球；在现蕾期可以进行人工补光或在出苗后喷施2~3次硼酸或钼酸铵溶液。

（四）百合低温冷害

1. 发生原因

百合低温冷害是指百合在生长过程中遭受短期或较长时间0 ℃以下低温导致的病害。

2. 症状特征

现蕾期，植株花苞发生不正常黄化，初期花苞顶部发黄，逐渐蔓延至整个花苞，后期顶部逐渐焦枯，花苞膨大缓慢甚至脱落，开花率降低；营养生长期，叶尖或者整个叶片先是出现不同程度的失绿、变红发紫，后逐渐变黄，甚至脱落（图7-25）。

花期   蕾期

图7-25　百合花期低温冷害

3. 防治方法

设施栽培要做好设施保温，提前准备好加温设备，在低温季节或极端天气条件下能够为百合提供合适的温度条件；露地种植时，根据当地条件选择合适种植时间，如遇特殊天气，应及时采取防寒措施。

（五）百合落叶、黄叶现象

1. 发生原因

导致百合落叶、黄叶的原因有很多，如种植密度大，光照不足，种植土壤透气性差，根部受损，营养不足，昼夜温差过大，长时间低温、干旱、水涝等均可能造成百合落叶、黄叶、干枯、褐化等症状（图7-26）。

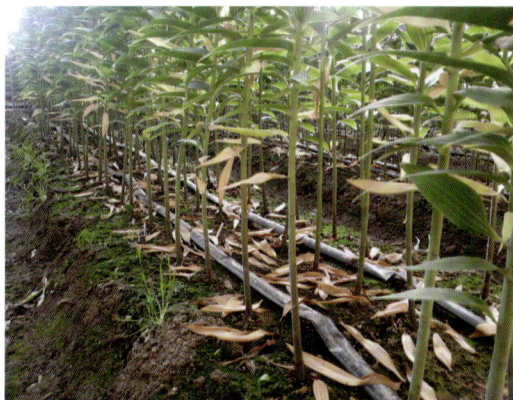

图7-26　百合落叶、黄叶田间症状

2. 症状特征

百合落叶、黄叶主要发生在百合生长中后期，症状表现为从下部叶片开始发黄、脱落，并逐渐传染到中上部叶片。

3. 防治方法

保持理想的土壤和空气温度、湿度等环境条件，适时放风或安装循环风扇，以增强空气流通；合理均衡施肥，减少种植密度，避免百合根系和植株受到损伤。

（六）药害

1. 发生原因

药害是指在种植百合过程中，施用农药不当导致百合生长异常的病害。

2. 症状特征

药害出现的症状多为植物局部受害，如叶片黄化、失绿，茎部及花苞畸形或褐变等（图7-27）。

3. 防治方法

选择合理施药时间，尽量避开高温或正午时间喷药；正确选

轻微   严重

图 7-27　百合除草剂药害田间症状

择农药，不任意混合施用农药；使用农药时，应选择合理的浓度，初次使用前应先做浓度和配伍试验。

（七）肥害

1. 发生原因

肥害是指种植百合过程中，施肥不当造成百合根系或茎叶等器官受伤，出现生理功能异常，从而影响植株生长的病害。

2. 症状特征

百合根系腐烂，叶片发黄、焦枯，花苞枯萎，百合异常发育等（图 7-28）。

图 7-28　百合肥害田间症状

3. 防治方法

选择质量好、成分含量准确、正规厂家的肥料或营养液；选择合理施肥时期、施肥量和施肥浓度；农家肥要充分腐熟后再施用；一旦产生肥害，可通过大量浇水来稀释土壤中的肥料浓度；将枯萎的花苞和叶片剪除，减少养分消耗，适量喷施营养剂和杀菌剂有利于植株恢复和抑制侵染性病害发展。

🍀 第五节　百合主要虫害与防治

为害百合的主要害虫种类较多。例如，为害叶茎的害虫有蚜虫类 [棉蚜（*Aphis gossipy*）、桃蚜（*Myzus persicae*）和百合西圆尾蚜（*Dysaphis tulipae*）]、蓟马类 [台湾花蓟马（*Frankliniella intonsa*）、南黄蓟马（*Thrips palmi*）和唐菖蒲蓟马（*Thrips simplex*）]、食叶害虫类 {百合双斜卷叶蛾 [Clepsis（*Sicloola*）*semialbana*]}；为害鳞茎及根部的害虫主要有螨类 [刺足根螨（*Rhizoglyphus echinopus*）、罗宾根螨（*Rhizoglyphus robini*）和长毛根螨（*Rhizoglyphus setosus*）]，以及迟眼蕈蚊幼虫（*Bradysia odoriphage*）、蛴螬 [小云斑鳃金龟（*Polyphylla gracilicornis*）、棕色鳃金龟（*Holotrichia titanis*）、斑喙丽金龟（*Adoretus tenuimaculatus*）] 和地老虎 [小地老虎（*Agrotis ypsilon*）、黄地老虎（*Agrotis segetum* Schiff）] 等。害虫对百合地上部分的危害见图 7-29。

花蕾 叶片

图7-29 害虫对百合地上部分的危害

一、地上害虫

(一)蚜虫类

1. 发生与危害

蚜虫（图7-30），一年四季均有发生，蚜虫的种类很多，通常有绿、黄、黑、茶色之别。

蚜虫在百合整个生长过程中都会造成伤害，主要危害百合茎秆、叶片和花蕾。通常，蚜虫以成虫、若虫群集在叶子背面和嫩芽上吸取汁液，造成被害叶片卷曲、变形，严重时植株萎缩、生长不良、花蕾畸形，同时传播百合花叶病毒、百合无症病毒、百合环斑病毒（LRSV）和百合丛簇病毒（LRV）等病毒病（图7-31）。

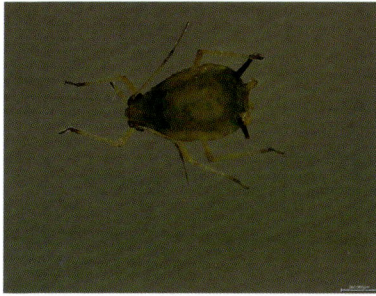

无翅蚜

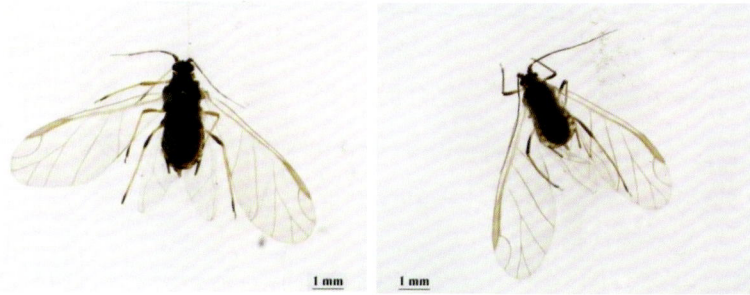

棉蚜

桃蚜

图 7-30　蚜虫

花蕾

叶片

花瓣

图 7-31　蚜虫对百合的危害

蚜虫的繁殖力很强，1年能繁殖10~30个世代，世代重叠现象突出。当5天平均气温稳定上升到12℃以上时，蚜虫便开始繁殖。在气温较低的早春和晚秋，蚜虫完成1个世代需10天；在夏季温暖条件下，蚜虫完成1个世代只需4~5天。它以卵的形式越冬，也可在保护地内以成虫越冬。气温为16~22℃时最适宜蚜虫繁育，干旱或植株密度过大有利于蚜虫为害。

许多蚜虫会发生周期性的孤雌生殖。在春季和夏季，蚜虫群中大多数或全部为雌性，这是因为过冬后所孵化的卵多为雌性。这时，生殖方式为典型的孤雌生殖和卵胎生。这样的生殖循环一直持续到整个夏季，20~40天能够繁殖多代。因此，一只雌虫在春季孵化后可以产生数以亿计的蚜虫。到了秋天，蚜虫开始进行有性生殖和卵生。在温暖的环境中（如在热带或温室中），蚜虫可以数年一直进行无性生殖。

2. 综合防治方法

（1）农业防治。选育抗蚜品种，叶片总糖和还原糖含量较低而叶绿素含量较高、呈深绿色的品种抗害能力明显高于其他品种。覆盖遮阳网栽培的百合光照明显不足，容易使叶片柔软，生长势弱，有利于蚜虫取食和种群数量增长。露天栽培植株长势强，蚜虫种群数量明显减少，可在现蕾前露天栽培，现蕾后覆盖一层遮阳网。合理灌溉和施肥，在氮量一定的条件下，高钾水平在百合养分积累和分配上起着较大作用，可影响桃蚜在寄主上的取食及其数量变化。杂草是蚜虫的重要寄主，清除杂草，进行彻底清田，可以消灭越冬虫源。剪除严重受害的叶片、茎秆，并集中焚毁。

（2）物理防治。在与百合高度持平的位置悬挂黄色粘板以诱杀成虫，温室通风口加设防虫网。银灰色塑料薄膜避蚜，苗期可用银灰色塑料薄膜遮盖育苗，对预防蚜虫早期传播病毒病效果较好。

（3）生物防治。保护并利用天敌，主要天敌有捕食性瓢虫、草蛉、食蚜蝇、蚜茧蜂、食虫蝽和蜘蛛等。利用使蚜虫致病的蚜霉菌、球孢白僵菌等微生物防治。

（4）化学防治。应定期观察害虫，并适时喷药防治。通常，施药时机应选在百合苗期的蚜虫发生初期和现蕾前后发生的危害高峰期。重点喷药部位是生长点和叶片背面。推荐使用除虫菊素、苦参碱和藜芦根茎提取物等生物农药和烯啶虫胺、三氯苯嘧啶等低毒农药。例如，20%吡虫啉750倍液、30%噻虫嗪800倍液、25克/升溴氰菊酯1000倍液、70%啶虫脒1000倍液、22%氟啶虫胺腈3000~5000倍液、0.5%藜芦根茎提取物等。连续喷2~3次。

（二）蓟马类

1. 危害

成虫（图7-32）、若虫（图7-33）以锉吸式口器危害百合植株的新叶、嫩芽、花蕾（图7-34），全生长期都可为害百合。被害叶形成许多细密而长形的灰白色斑纹，尖端枯黄，花蕾受害出现不规则褐变，凹陷。严重时，叶片生长畸形、皱缩、下垂、扭曲不正，花蕾脱落，不能正常开花，甚至枯萎死亡。蓟马是传播病毒的虫媒之一。

2. 综合防治方法

（1）农业防治。深翻地灭茬，晒土，促使病残体分解，清除田间附近杂草及茄科植物，减少虫源；加强排水，降低田间湿度，减轻危害；施用酵素菌沤制或充分腐熟的农家肥，采用"测土配方"技术，科学施肥，加强管理，培育壮苗；和非禾本科植物轮作。

（2）药剂防治。田间发生用艾绿士（60%乙基多杀菌素）

图 7-32　蓟马成虫

图 7-33　蓟马若虫

图 7-34　蓟马对百合花蕾的危害

1000 倍液、10% 吡虫啉可湿性粉剂 1000 倍液、联菊啶虫脒（3%
联苯菊酯+3% 啶虫脒）1000 倍液于叶面喷施，交替用药，注意植
株、地面应全面喷施着药。

(三) 鳞翅目害虫

1. 形态特征及发生规律

(1) 甜菜夜蛾（图 7-35）。每头雌蛾可产卵数百粒，平铺或
堆叠在叶背上，形成 50~150 粒一堆的卵堆；雌蛾会用其腹部的
毛发和鳞片覆在卵堆上，使它们的卵看上去毛茸茸的。幼虫会因
寄主植物（食源）不同和成长阶段不同而有不同的体色，但基本
保持黄绿色，两侧有白色、淡黄或粉红色纵带纹，每个腹节腹侧
气门的后上方各有 1 个显著的白色斑点。虫体光滑锃亮，表面蜡
质层较厚，对杀虫剂有很强的耐药性。

图 7-35　甜菜夜蛾

甜菜夜蛾在全国各地均有分布，南方一年可发生 6~8 代，3
代后世代重叠；幼虫阶段共 5 龄，1 龄幼虫 2~3 天蜕皮成为 2 龄
幼虫，幼虫口器逐渐发育完善后食量大增，每增加 1 龄的时间逐
渐缩短，4 龄幼虫仅需 1 天就蜕皮成为末龄幼虫。7—8 月是虫害
发生盛期，春末至秋中的 5~6 个月中还会出现多次虫害高峰，高
温干旱年份虫害更多。

（2）斜纹夜蛾（图 7-36）。因成虫（飞蛾）的两个前翅中央各有一条宽长灰白斜带而得名。幼虫体色多变，同一个卵堆里孵化出来的食源相同的幼虫，在 2~3 龄后也会表现为不同的体色。老熟幼虫通常为黑褐色，背上（不包括侧边）有三条纵向条纹，其中左右两条边纹内侧在各个腹节处有一个三角形、梯形或半月形黑斑。有些幼虫头部有一个 V 形纹或近似于草地贪夜蛾的 Y 形纹，有些幼虫背部的纵向条纹色浅而不显。

图 7-36　斜纹夜蛾

斜纹夜蛾雌蛾成虫在其 6~8 天的生命里会持续产卵 2000 多粒，一次产卵 200~300 粒，堆成 3~4 层的卵堆，上面覆有雌蛾腹部毛发一样的鳞片。在 15 ℃时，卵的孵化最长需要 14 天；但在 35 ℃时，卵只需要 2 天就能孵化。幼虫阶段分 5~7 龄即 15~23 天，4 龄幼虫在田间扩散转株为害。末龄幼虫在土中化蛹，25 ℃时只需 1 天就能羽化为成虫。成虫寻偶进行交配，雄蛾完成交配、雌蛾完成产卵后随即死去。斜纹夜蛾在中国北方一年发生 3 代，在广东等南方地区可发生 9 代，实现世代重叠周年为害。

（3）草地贪夜蛾。草地贪夜蛾低龄幼虫（图 7-37）的虫体上可见黑色毛瘤和一个不相称的黑色大头。大龄幼虫（图 7-38）和斜纹夜蛾看上去非常相似，头部有清晰完整的 Y 形纹，背上也有三条纵向条纹。区别在于草地贪夜蛾虫体两条纵向边纹内侧没有三角形黑斑，但全身每个腹节背上都长有突起的 4 个毛瘤，尤以末节腹背上呈正方形排列的 4 个黑色毛瘤最为明显，其他腹节背部的 4 个毛瘤则呈梯形排列。草地贪夜蛾虫体侧向有两条纵向宽带，靠近背部的宽带为暗黑色，靠近腹部的宽带通常为淡黄色，侧向可以清晰看到背部毛瘤上长出的刚毛。

图 7-37　草地贪夜蛾低龄幼虫

　　草地贪夜蛾在华南地区的为害高峰为夏末，北方地区则在初秋。

图 7-38　草地贪夜蛾大龄幼虫

　　2. 综合防治方法

　　（1）农业防治。结合冬季养护管理翻耕消灭越冬蛹或幼虫，夏季摘除卵块或群集初孵幼虫处理。也可采用人工捕捉幼虫等方法。

（2）物理防治。诱杀成虫，采用黑光灯或糖醋液诱蛾。

（3）药剂防治。在幼虫初龄阶段和幼虫尚未分散时，喷 50%
杀螟松乳油 1200～1500 倍液、50% 乙酰甲胺磷 1500 倍液、20% 杀
灭菊酯 2500～3500 倍液。

二、地下害虫

（一）刺足根螨

1. 形态特征及发生规律

刺足根螨（图 7-39），拉丁学名为 *Rhizoglyhus echinopus*，属
蜱螨目粉螨科。其别名球根粉螨、葱螨，主要为害百合、郁金
香、水仙、菖兰、葱兰、风信子、苏铁等花卉，是为害百合鳞茎
的主要害虫之一，以若虫、成虫为害百合鳞茎（图 7-40）。刺足
根螨于田间或储藏期间危害百合种球，在鳞片和土壤中的腐烂残
片中越冬。其危害，轻则使百合植株长势衰弱，重则使百合植株
不能正常开花，失去商品价值。鳞茎被害后，植株矮小发黄，受
害重的鳞茎会全部变褐色，腐烂发臭。刺足根螨是球根花卉的重
要害虫。

成螨雌螨体长 0.58～0.87 毫米，卵圆形，白色发亮。螯肢和
附肢浅褐色；前足体板近长方形；后缘不平直；基节上毛粗大，
马刀形。格氏器官末端分叉。足短粗，跗节Ⅰ，Ⅱ有一根背毛呈
圆锥形刺状。雄螨体长 0.57～0.80 毫米。体色和特征相似于雌
螨，阳茎呈圆筒形。跗节爪大而粗，基部有一根圆锥形刺。卵长
0.2 毫米，椭圆形，乳白色半透明。若螨体长 0.2～0.3 毫米，体
形与成螨相似，胴体呈白色。

该螨年发生 9～18 代，主要是以成螨在病部及土壤中越冬，
尤其是腐烂的鳞茎残瓣中最多，两性生殖。该螨喜高温高湿的环

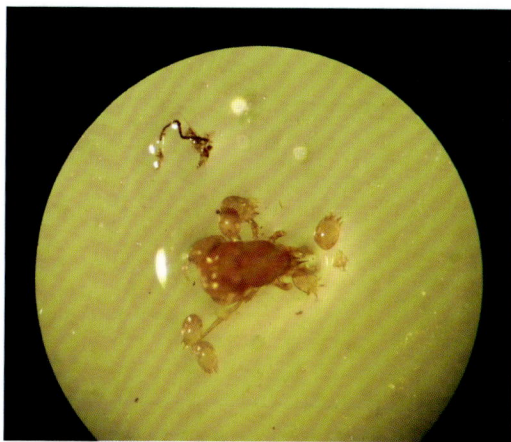

图7-39　根螨

图7-40　根螨对百合种球的危害

境，在适宜的条件下繁殖快。雌螨交配后1~3天开始产卵，卵期3~5天。若螨和成螨开始多在鳞茎周围活动为害，当鳞茎腐烂后便集中于腐烂处取食。该螨既有寄生性也有腐生性，有很强的携带腐烂病菌和镰刀菌的能力。在16~26℃和高湿下活动最强，造成的伤口为真菌、细菌和其他有害生物侵入提供了条件。

2. 综合防治方法

（1）农业防治。水旱轮作。及时清除田边杂草。加强栽培管理，高温季节深耕暴晒，消灭大量根螨，栽种前对土壤严格消毒。种植前可对鳞茎进行挑选，选择无虫的鳞茎种植。

（2）物理防治。用40 ℃热水处理百合鳞茎1~2小时（根据鳞茎大小和螨的世代处理时间存在差异）。

（3）药剂防治。百合种球栽种前用40 ℃热水和3%印楝素500倍液处理1~2小时；对田间已发生根螨的百合，用20%三唑磷乳油800倍液、40%三氯杀螨醇1500倍液、50%辛硫磷乳油800~1000倍液灌根。

（二）迟眼蕈蚊

1. 形态特征及发生规律

迟眼蕈蚊又名韭菜根蛆（图7-41和图7-42），温室和露地均可发生，如除治不好，可造成严重减产。其幼虫钻食百合地下鳞茎部分，表现症状为地上叶片瘦弱、枯黄、萎蔫断叶，幼虫常聚集在鳞茎基部引起腐烂（图7-43），严重时可造成百合成片死亡，损失很大。

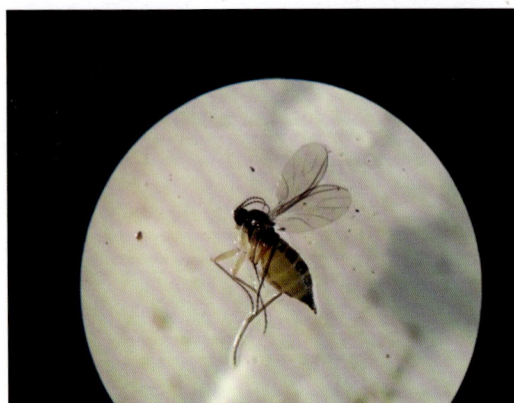

图7-41 迟眼蕈蚊成虫

成虫体长2.4~4.0毫米，翅展4.2~5.5毫米；体黑褐色；头部小，复眼很大，被微毛，在头顶由眼桥使1对复眼左右相遇，

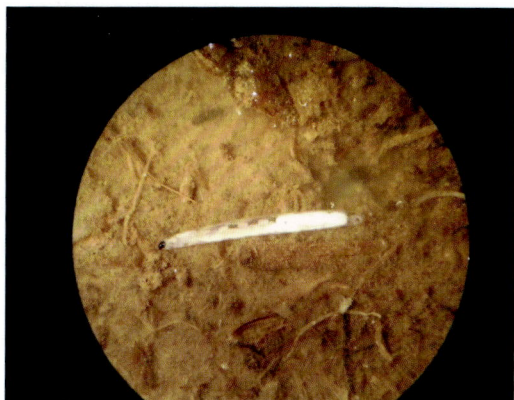

图 7-42　迟眼蕈蚊幼虫

图 7-43　迟眼蕈蚊对百合种球的危害

单眼 3 个；胸部隆起向前突出，足细长、褐色；前翅淡烟色，脉褐色，后翅退化为平衡棒；腹部细长；雄虫外生殖器较大且突出末端有 1 对抱握器；雌虫尾端尖细，末端有分 2 节的尾须。幼虫老熟时体长 6~7 毫米，头漆黑色，体白色，无足。

　　迟眼蕈蚊一般以幼虫在百合地下鳞茎周围 3~4 厘米深的土中或鳞茎内休眠越冬；翌年 3 月，当百合开始萌芽生长时，幼虫开始活动取食；3月下旬至5月中旬，大部分越冬幼虫移至地表1~2厘米处化蛹；4月至5月中旬，羽化为成虫大量繁殖。一般在4—5月是为害盛期，7—8月因气温高及植株老化而为害减弱，到9月下旬由于环境适宜又继续为害，12月至翌年2月为温室百合严重危害期。

在辽宁沈阳露地1年发生3~4代，幼虫在百合地下鳞茎周围和鳞茎基生根或鳞片内越冬。迟眼蕈蚊幼虫危害百合基生叶片基部，逐次往地下移动至基生根，而后蛀入基生根内，待危害到鳞茎盘、鳞片、主茎内部及基生根，此时全株枯死，为害盛期是5月上旬、7月中下旬及10月中下旬。

2. 综合防治方法

（1）农业防治。

①加强水肥管理。露地种植的可进行冬春灌水，不利于迟眼蕈蚊幼虫的滋生。保护地温室栽培百合也可采用这一方法控制其幼虫的发生。不施未经堆沤腐熟的有机肥或饼肥。施腐熟的肥料要开沟深施后覆土，防止成虫产卵。

②清除繁殖场所。迟眼蕈蚊对葱蒜类气味较敏感，喜食腐败的东西，并在其上产卵，因此要及时清理残枝枯叶及杂草，降低幼虫孵化率和成虫羽化率。

③草木灰防治。覆土前沟施草木灰后再覆土盖严，施草木灰后可根据情况尽量晚浇水，以确保土壤不致过湿。此方法防治效果很好，草木灰还是一种好肥料，能促进百合生长。

④糖醋液诱杀。利用迟眼蕈蚊对某些气味的敏感性诱杀。方法如下：糖、醋、酒和90%敌百虫按照3.0∶1.0∶10.0∶0.1（质量比）的比例配比，先将糖用水溶化，之后加醋、酒、水和农药即可，一般每30平方米放1个诱杀盒，每5~7天更换1次诱杀液，每隔1日加1次醋。

（2）物理防治。田间设置紫外光杀虫灯诱杀成虫，每 1～2 亩设 1 盏，可消灭大部分成虫；通风口处设置防虫网，可以挡住大部分成虫飞入温室。

（3）药剂防治。百合种球定植前，可用 50% 辛硫磷乳油 1000 倍液浸根杀灭幼虫。幼虫发生初期用 50% 辛硫磷乳油 800～1000 倍液灌根，10 天后再灌 1 次。喷洒药剂防治成虫可顺垄喷施 2.5% 溴氰菊酯乳油 1000 倍液、20% 氰戊菊酯乳油 1000 倍液、21% 灭杀毙乳油 2000 倍液，喷洒时间最好为上午 9—11 时；熏杀成虫可用 50% 敌敌畏乳油，每亩 0.2 千克，加入 15 千克细沙，充分拌匀后于上午 11 时之前顺垄撒施，密闭，2 小时后放风；药剂灌根防治幼虫可用 50% 敌百虫可溶性粉剂 800 倍液，或 2.5% 溴氰菊酯乳油 1000 倍液。

（三）蛴螬

蛴螬是金龟子的幼虫，别名白土蚕、核桃虫。成虫通称为金龟子，食量很大。

1. 形态特征

（1）成虫。体长 24～30 毫米，体宽 13.5～14.5 毫米；体色为赤褐色，翅有云状白斑分布，头部有粗大刻点及皱纹，密生浅褐色及白色鳞片。成虫昼伏夜出，于黄昏时开始出土活动，出土后即觅偶交配，交配结束后，雌虫即潜入土中，雄虫则到处飞翔。雄虫上灯一夜有 2 次高峰：一为黄昏后，二为凌晨 1：00—2：00，黎明前飞离灯光，潜入土中。

（2）卵。刚产下的卵为白色，略呈椭圆形，直径为 3.8～4.9 毫米，表面光滑，密布花纹。孵化始期为 7 月中旬，盛期为 7 月下旬。

（3）幼虫。乳白色，头部橙黄色，身体肥胖呈马蹄形，体长 48～58 毫米，有许多皱褶，密生棕褐色细毛。

（4）蛹。田间大量化蛹并出现的时间为 6 月中旬。其蛹体在土壤中的深度一般距地表 15~20 厘米。蛹长 32~35 毫米，宽 15~16 毫米，体色呈黄褐色。

蛴螬幼虫及对百合的危害见图 7-44。

蛴螬幼虫　　　　　　　　　　蛴螬对百合的危害

图 7-44　蛴螬幼虫及对百合的危害

2. 发生与危害

蛴螬生活史复杂，有的种类 2 年完成 1 代，成虫、幼虫交替越冬。对百合生长发育形成威胁的时期是 2 龄幼虫至 3 龄幼虫阶段，可直接咬断百合幼苗的根、茎，造成枯死苗，然后转移到别的植株，继续危害百合鳞茎。蛴螬种类多，在同一地区同一地块，常为几种蛴螬混合发生，世代重叠，发生和为害时期很不一致。此外，蛴螬造成的伤口还可诱发病害。

3. 综合防治方法

（1）农业防治。冬耕土地，只翻不旋，减少蛴螬越冬基数；合理轮作；科学合理施肥，不施未经腐熟的有机肥；利用地头、沟渠附近的零散空地种植蓖麻，蓖麻中含有蓖麻素可毒杀取食的金龟子；合理灌溉，在蛴螬发生严重地块，合理控制灌溉，促使蛴螬向土层深处转移，避开幼苗最易受害时期。

（2）物理防治。用黑光灯或频振式杀虫灯诱杀金龟子成虫，减少田间的虫卵数量。

（3）化学防治。危害期用25%辛硫磷1000倍液灌根，每亩用50%的辛硫磷乳剂4000~5000克，兑50千克过筛的细土或厩肥，搅拌均匀，制成毒土，顺垄条施，随即浅锄。

（4）人工捕捉。秋耕时，可人工捕捉蛴螬，以减少越冬虫口基数。

（四）蝼蛄

1. 形态特征

蝼蛄成虫（图7-45）体呈黄褐色，全身有黄褐色细毛，头顶有一对触角。卵圆形。若虫形态近似成虫，初孵若虫无翅。

图7-45 蝼蛄成虫

2. 发生与危害

蝼蛄以成虫和若虫取食为害，在土壤内做土室越冬。其待20厘米土层地温达到8 ℃时开始活动，温度在26 ℃以上时，转入土壤深层基本不再活动。因此，蝼蛄以春季和秋季危害严重。华北蝼蛄多生活在弱碱性土壤内，产卵于15~30厘米深的土壤卵室内，每头雌虫可产卵80~800粒。非洲蝼蛄多生活在河边或渠道附近，在5~20厘米深土壤中做长椭圆形的卵室产卵，每头雌虫可产卵60~80粒，产卵后离开卵室，卵室口常用杂草堵塞，以利于隐蔽、通气和卵孵化后若虫外出。两种蝼蛄成虫的趋光性比较强，夜间活动最盛，对香甜物、马粪、牛粪等未腐熟有机质具有趋向性。

以成虫和若虫在土中咬食刚播下的百合鳞茎，也咬食幼根和嫩茎，造成百合缺苗断垄。在表土层穿行时，形成很多隧道，能导致幼苗失水枯死。

3. 综合防治方法

（1）农业防治。合理轮作，深耕细耙，可降低虫口数量。合理施肥，不使用未腐熟的厩肥，防草治虫，可以消灭部分虫卵。

（2）化学防治。按照糖、醋、酒、水为3∶4∶1∶2（质量比）的比例配比，加硫酸烟碱或苦楝子发酵液，诱杀成虫。把麦麸或磨碎的豆饼、豆渣炒香后，加90%敌百虫晶体制成毒饵，每亩施毒饵2.0~2.5千克，黄昏时将毒饵均匀撒在地面上，于播种后或幼苗出土后撒施。针对3龄以前的蝼蛄，可用2.5%的敌百虫粉撒施，每亩用药量2.0~2.5千克，也可喷洒90%敌百虫或50%地亚农1000倍液。

（五）地老虎

地老虎俗称土蚕、切根虫、夜蛾虫等。

1. 形态特征

为害百合的地老虎主要为小地老虎和黄地老虎。

（1）小地老虎（*Agrotis ypsilon*）。属鳞翅目夜蛾科，成虫是一种灰褐色的蛾子，体长17~23毫米，翅展40~54毫米，前翅棕褐色，有2对横线，并有黑色圆形纹、肾形纹各1个，在肾形纹外有1个三角形的斑点。雄蛾触角为栉齿状，雌蛾触角为丝状。小地老虎（图7-46）幼虫体较大，长50~55毫米，黑褐色稍带黄色，体表密布黑色小颗粒突起；腹部末端肛上板有1对明显的黑纹。

图7-46　小地老虎

（2）黄地老虎（*Agrotis segetum* Schiff）。成虫体长15～18毫米，翅展约40毫米，黄褐色，前翅横线不够明显，中部外侧有黑色肾状纹及2个黑色圆环。雄蛾触角为双栉齿状，雌蛾触角为丝状。黄地老虎幼虫体长40～45毫米，黄褐色，体表多皱纹，颗粒突起不明显。腹部末端肛上板有2块黄褐色斑纹，中央断开，小黑点较多。

2. 发生与危害

地老虎是多食性害虫，以幼虫为害百合幼苗，将幼苗从茎基部咬断，或咬食地下鳞茎。

地老虎发生的代数各地不一。小地老虎在华北地区1年发生3～4代，长江流域发生4～5代，华南地区发生5～6代，广西发生6～7代。黄地老虎在上述地区发生2～3代，在大多数地区以幼虫越冬，少数地区以蛹越冬。一般小地老虎在5月中下旬危害最盛，黄地老虎比小地老虎晚15～20天。两种地老虎幼虫危害习性大体相同，幼虫在3龄以前，为害百合幼苗的生长点和嫩叶；3龄以上的幼虫多分散为害，白天潜伏于土中或杂草根系附近，夜出咬断幼苗。成虫在傍晚活动，趋化性很强，喜糖、醋、酒味，对黑光灯也有较强的趋向性，有强大的迁飞能力。在潮湿、耕作粗放、杂草多的地方发生。

3. 综合防治方法

（1）农业防治。早春及时铲除地头、田边、地埂及路旁的杂草，集中带到田外沤肥或烧毁，以消灭草上的虫卵。秋翻或冬翻地，可以杀死部分越冬幼虫或蛹，减少第二年的虫量。春季耙地，可消灭地面上的卵粒。

黄地老虎喜欢在苜蓿等幼苗上产卵，春季可利用苜蓿诱集成虫产卵。当用于诱集的苜蓿出苗后，每5天喷1次药，20天后把苜蓿处理掉，可有效地消灭成虫和卵。

（2）化学防治。对地老虎3龄前的幼虫，每亩可用2.5%敌百虫粉剂1.5~2.0千克喷粉，或加10千克细土制成毒土，撒在植株周围；也可用80%敌百虫可湿性粉剂1000倍液、50%辛硫磷乳油800倍液或20%杀灭菊酯乳油2000倍液进行地面喷雾。在虫龄较大时，可用50%辛硫磷乳油或50%二嗪农乳油进行灌根，杀死土中幼虫。

参考文献

[1] 陈梦玲.低温贮藏对百合花芽分化的影响[D].雅安:四川农业大学,2017.

[2] 冯冰,曹宁,任爽英,等.不同基质处理对亚洲百合生长发育的影响[J].安徽农业科学,2010,38(22):11746-11748.

[3] 胡新颖,李雪艳,王伟东,等.不同消毒处理对大花卷丹百合种子发芽的影响[J].辽宁农业科学,2022(2):23-26.

[4] 黄晶,齐凤坤,王宏洪.百合线虫病害及其综合防控研究进展[J].植物检疫,2024,38(2):19-26.

[5] 黄钰芳,张恩和,张新慧,等.兰州百合连作障碍效应及机制研究[J].草业学报,2018,27(2):146-155.

[6] 李宇辉.控释肥对切花百合生长发育的影响[D].广州:仲恺农业工程学院,2017.

[7] 廉峻丽.种植时间和遮阴对百合花期和开花性状的影响[D].晋中:山西农业大学,2017.

[8] 苗振,矣辉,钱振权,等.温度对百合种球催芽生根的影响[J].西南林业大学学报,2014,34(3):32-35.

[9] 穆鼎.观赏百合:生理、栽培、种球生产与育种[M].北京:中国农业出版社,2005.

[10] 宁国贵,何燕红.百合病虫害图鉴与防控手册[M].武汉:湖北科学技术出版社,2024.

[11] 钱桦,刘燕,郑勇平,等.施用 6-BA 对春石斛花芽分化及内源激素的影响[J].北京林业大学学报,2009,31(6):27-31.

[12] 瞿素萍,王丽花,张艺萍,等.百合切花等级规格:NY/T 3706—2020[S].北京:中国农业出版社,2020.

[13] 王家艳.细叶百合花芽分化过程的形态学研究[D].哈尔滨:东北林业大学,2014.

[14] 王丽媛,周厚高.不同营养组合和施肥量对切花百合光合特性及干物质含量的影响[J].北方园艺,2014(4):58-63.

[15] 王伟东,白一光,胡新颖,等.不同无土栽培处理对东方百合'Siberia'籽球生长的影响[J].园艺与种苗,2024,44(2):1-3.

[16] 王伟东,白一光,李雪艳,等.不同施钾水平对东方百合'索邦'种球生长的影响[J].中国花卉园艺,2019(22):43-44.

[17] 王伟东,李雪艳,胡新颖,等.观赏百合苗后除草剂筛选及安全性评价[J].辽宁农业科学,2021(2):1-7.

[18] 王伟东,杨迎东,胡新颖,等.催芽对百合切花生长发育的影响研究[J].现代农业科技,2016(9):153.

[19] 王伟东,胡新颖,白一光,等.不同栽培基质对木门百合子球生长的影响[J].湖北农业科学,2019,58(4):53-55.

[20] 徐捷.气候变化下中国百合属植物的地理分布与温度耐受性评价[D].重庆:西南大学,2021.

[21] 吴学尉,崔光芬,吴丽芳,等.百合杂交后代 ISSR 鉴定[J].园艺学报,2009,36(5):749-754.

[22] 徐萌.东方百合单、重瓣花芽分化与染色体核型比较研究[D].南宁:广西大学,2020.

[23] 杨秀梅,瞿素萍,王丽花,等.百合疫病病原鉴定及其 PCR 检

测[J].园艺学报,2011,38(6):1180-1184.

[24] 杨迎东,白一光,胡新颖,等.百合种球消毒安全配方筛选试验[J].辽宁农业科学,2017(4):34-38.

[25] 杨迎东,白一光,王伟东,等.食用百合大花卷丹标准化种植技术[J].辽宁农业科学,2020(6):80-83.

[26] 杨迎东,冯秀丽,王伟东,等.百合鳞茎青霉病防治药剂筛选[J].北方园艺,2016(5):144-147.

[27] 杨迎东,王伟东,白一光,等.百合种球消毒害虫灭杀试验[J].北方园艺,2017(5):109-113.

[28] 杨迎东,王伟东,张睿琪,等.不同百合食药用功能指标检测分析[J].沈阳农业大学学报,2024,55(3):276-284.

[29] 张红升,陈萍,张树杰,等.切花百合无土栽培基质配方的筛选[J].甘肃农业科技,2018(12):67-70.

[30] 张金云,束冰,潘海发,等.不同基质配比对百合切花品质的影响[J].中国农学通报,2012,28(4):188-191.

[31] 张寅寅,黑多尔,刘玥婷,等.荷兰进境百合种球中线虫的分离及分子鉴定[J].农业环境科学学报,2022,41(12):2805-2809.

[32] 张英杰,李雯琪,吴沙沙,等.不同品系百合成花进程研究[C]//张启翔.中国观赏园艺研究进展:2011.北京:中国林业出版社,2011:456-462.

[33] 周俐宏,石慧,杨迎东,等.百合资源抗棉蚜性鉴定及遗传多样性分析[J].东北农业大学学报,2021,52(6):24-33.

[34] 周俐宏,王志刚,王兴亚,等.百合常见虫害的发生与防治[J].北方园艺,2011(9):177-178.

[35] 周俐宏,张惠华,吴天宇,等.不同百合品种抗蚜虫性鉴定

[J].北方园艺,2018(11):85-88.

[36] 周艳萍.百合遗传多样性和亲缘关系的研究[D].北京:北京林业大学,2020.

[37] 朱峤,潘远智,赵莉,等.不同氮、磷、钾、钙水平对香水百合切花品质效应的研究[J].中国土壤与肥料,2012(3):48-54.